中等职业教育西餐烹饪专业教材

西餐文化与礼仪（第二版）

王　芳◎主编

中国轻工业出版社

图书在版编目（CIP）数据

西餐文化与礼仪 / 王芳主编. —2版. —北京：中国轻工业出版社，2026. 1

中等职业教育西餐烹饪专业教材

ISBN 978-7-5184-4371-0

Ⅰ. ①西… Ⅱ. ①王… Ⅲ. ①西式菜肴—饮食—文化—中等专业学校—教材 ②西式菜肴—礼仪—中等专业学校—教材 Ⅳ. ①TS971 ②K891.26

中国国家版本馆CIP数据核字（2023）第028157号

责任编辑：方　晓　　责任终审：高惠京　　设计制作：锋尚设计

策划编辑：史祖福　方　晓　　责任校对：朱燕春　　责任监印：张　可

出版发行：中国轻工业出版社（北京鲁谷东街5号，邮编：100040）

印　　刷：三河市万龙印装有限公司

经　　销：各地新华书店

版　　次：2026年1月第2版第3次印刷

开　　本：787×1092　1/16　印张：8.25

字　　数：168千字

书　　号：ISBN 978-7-5184-4371-0　定价：36.00元

邮购电话：010-85119873

发行电话：010-85119832　010-85119912

网　　址：http://www.chlip.com.cn

Email：club@chlip.com.cn

260159J3C203ZBW

第二版前言
PREFACE

近年来，西餐越来越受到国人喜爱，所以全国中等职业学校开设西餐烹饪专业的也越来越多，投身西餐烹饪专业学习的学生队伍日益壮大。对于西餐烹饪的学习，首先需要了解西餐的饮食习惯，了解西方人在餐饮中的喜好，才能制作出符合要求的西餐菜点。

《西餐文化与礼仪》是中等职业教育西餐烹饪专业的一门核心课程。通过本课程的学习，学生可以掌握西餐的发展史、饮食文化、就餐礼节等西餐基本文化礼仪知识，也可以通过西餐厨房组织架构、管理方式、工作流程以及餐饮服务等基本知识和技能学习，熟悉西餐厨房各岗位的工作要求及流程，提升学生在西餐烹饪等方面的文化底蕴和职业技能，真正把学习贯彻党的二十大精神的具体成效转化为工作实效，尽快为社会培养更多更好的餐饮人才。

习近平总书记在党的二十大报告指出，办好人民满意的教育，必须“深化教育领域综合改革，加强教材建设和管理”。为了打造适应时代要求的高质量教材，锤炼精品，培育时代新人，必须做好教材的编写和修订工作。本教材自第一版出版以来受到了诸多院校的好评，为了更加适应当下中职西餐教育的发展，在第一版的基础上进行了修订。此次修订主要对第一版的项目一基础知识内容进行了精简，同时在项目二和项目四中各增加了一个学习任务，更加丰富了本课程的教学内容。

本教材按照当前中等职业教育的要求，以任务引领的形式编写，将整个学习内容分为西方餐饮文化、西餐发展史和各国风味流派、西餐厨房工作规范与礼仪、西餐餐饮服务工作、西餐用餐礼仪五个项目，每个项目由若干任务构成。在编写过程中，考虑到学生的学习特点，采用较多的图、表等形式，并辅以相应的知识拓展，帮助不同层次的学生学习，体现了教材的教、学、做一体化。

本教材由上海市第二轻工业学校王芳担任主编，邢宏宇担任副主编，马晓亮参与编写。本教材在编写过程中，吸取了以往同类教材的某些成果，参考了有关专家、学者的相关著述。同时，得到了相关学校和中国轻工业出版社有关领导、编辑的大力支持，在此一并致以衷心的感谢。

若书中有不妥与遗漏之处，希望各位读者批评指正。

编　者

2022年8月

第一版前言

PREFACE

近年来，西餐越来越受到国人喜爱，所以全国中等职业学校开设西餐烹饪专业的也越来越多，投身西餐烹饪专业学习的学生队伍日益壮大。对于西餐烹饪的学习，首先需要了解西餐的饮食习惯，了解西方人在餐饮中的喜好，才能制作出符合要求的西餐菜点。

《西餐文化与礼仪》是中等职业学校西餐烹饪专业的一门核心课程。通过本课程的学习，学生掌握西餐的发展史、饮食文化、就餐礼节和西餐厨房组织机构、管理方式、工作流程以及餐饮服务的基本知识和技能，以提升学生在西餐烹饪等方面的文化底蕴和职业技能。

本书按照当今中等职业教育的要求，以任务引导形式编写，将整个学习内容分为西方餐饮文化、西餐发展史和各国风味流派、西餐厨房工作规范与礼仪、西餐餐饮服务工作、西餐用餐礼仪五个项目，每个项目由若干任务构成。在编写过程中，考虑了当今中职学生的学习特点，采用较多的图、表等形式，并辅以相应的知识拓展，帮助不同层次的学生学习，体现了教材的教、学、做一体化。

本教材由上海市第二轻工业学校王芳担任主编，邢宏宇担任副主编，马晓亮、季丽雯等参与编写。本书在编写过程中，吸取了以往同类教材的某些成果，参考了有关专家、教授的相关著述。同时，得到了相关学校和中国轻工业出版社的有关领导、编辑的大力支持。在此一并致以衷心的感谢。

愿使用本书的所有学生能从中真正受益。但苦于作者水平有限，书中不妥与错误之处在所难免，希望各位读者批评指正。

编　者

2016年1月

目录

CONTENTS

项目一　西方餐饮文化 / 001

任务一　餐饮文化 / 002

任务二　西餐文化 / 007

项目二　西餐发展史和各国风味流派 / 013

任务一　西方餐饮发展史 / 014

任务二　各国西餐发展流派 / 019

任务三　西餐菜单 / 034

项目三　西餐厨房工作规范与礼仪 / 049

任务一　西餐厨房人员构成 / 050

任务二　西餐厨房工作人员素养 / 062

项目四　西餐餐饮服务工作 / 076

任务一　西餐餐具的种类 / 077

任务二　西餐摆台 / 086

任务三　西餐酒水服务 / 097

项目五　西餐用餐礼仪 / 104

任务一　用餐服饰与举止的规范 / 105

任务二　西餐点菜与用餐 / 113

参考文献 / 125

项目一

西方餐饮文化

学习目标

1. 了解餐饮文化的含义。
2. 了解西方餐饮文化。
3. 掌握西方餐饮文化的特点。
4. 通过对西餐文化的学习，进一步培养对西餐专业的兴趣。

项目描述

茹毛饮血的原始社会饮食仅满足于果腹，因此不会产生文化，只有当人类文明上升至一定历史阶段之后，才逐步产生了文化现象，因而才有餐饮文化。在人类漫长的饮食历史过程中，餐饮逐渐与人的精神生活相联系，并逐渐形成了完整的餐饮文化体系。

项目任务

任务一 餐饮文化

Q
文化有广义与狭义之分，那么餐饮文化的含义又是什么？

一、餐饮文化的含义

文化是人类在社会历史发展过程中所创造的物质及精神财富的总和，是一种历史现象，也是社会的积淀物。与饮食相关的我们称之为餐饮文化。

1. 广义的餐饮文化

广义的餐饮文化是指以餐饮为中心的物质文明和精神文明的总和。它是以餐饮物质为载体，反映出特定的精神内容，包括餐饮的历史发展、餐饮人文环境、餐饮业科技、餐饮产品及器具、餐饮习俗、餐饮书籍等各种形式（图1-1）。

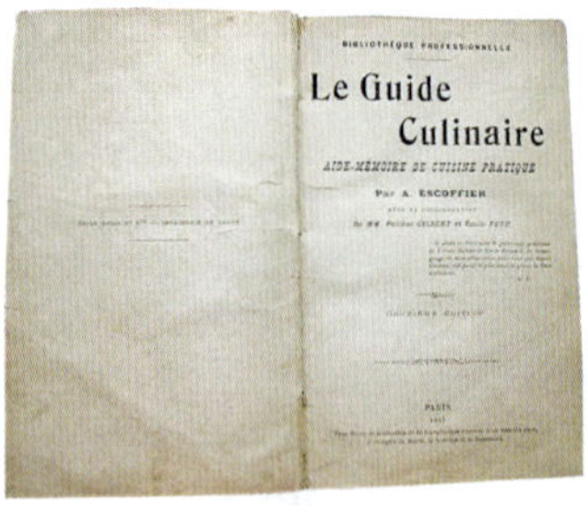

图1-1　西方餐饮文化书籍

2. 狭义的餐饮文化

狭义的餐饮文化专指餐饮的精神文明，是餐饮在运用过程中所产生的文化和社会现象，是精神财富的内容。具体来说就是关于人类吃什么、怎么吃、为什么吃的学问，涉及餐饮品种、器具、餐饮习俗及服务等内容。

简而言之，餐饮文化是在生产与消费饮食产品的过程中产生的一种生产与消费文化。饮食产品的生产与消费是紧密相连的，没有生产，就没有消费，而饮食产品的生产与烹饪是密切相关的，因此烹饪文化是餐饮文化的前提，餐饮文化是由烹饪文化派生而来的。

二、餐饮文化的结构

餐饮文化有物质文化、制度文化、精神文化三个层次结构。

1. 物质文化

物质文化是指与餐饮相关的文化产品的总和。它包括人们从事餐饮生产的活动方式和相应的产品，如餐饮产品的原料选择与保管、原料的加工与烹饪、产品的呈现方式、营养价值研究，同时也包括菜品、饮料、器皿等物质实物以及餐厅、酒店、宾馆等实体性设施（图1-2）。它属于餐饮文化结构最表层的部分，是人们直接可以感知的餐饮文化内容。

2. 制度文化

制度文化包括与餐饮相关的法律、礼俗等，是人们在餐饮生产和消费过程中所形成的行为规范、行为模式，介于餐饮文化的物质层与精神层之间，是构成餐饮文化个性特征的主要因素。有关餐饮的法律是一定社会经济制度的产物。例如，政府制定的管理餐饮产销和征税的法令、规章、制度等。礼俗是人们在餐饮生产和消费过程中约定俗成的行为模式，包括有关餐饮的仪式、风俗、习气等，通常有用餐礼仪、宴会礼仪以及宴庆等表现形式（图1-3）。

3. 精神文化

精神文化是把餐饮的天然特征和社会特征升华为一种精神象征，把餐饮活动上升到精神活动层面。例如，将烹饪、品尝用餐的过程与价值观念、审美情趣、思维方式等主观因素相结合，由此产生认识、理念及丰富联想，产生反映餐饮生产、用餐情趣的文艺作品。它是餐饮文化的深层次结构，同样也是餐饮文化的核心部分（图1-4）。

图1-2　餐饮物质文化

图1-3　西餐用餐方式

图1-4　富有文化创意的蛋糕

三、餐饮文化的基本特征

餐饮文化主要有以下三个基本特征。

1. 社会性

餐饮文化具有广泛的社会性，随着社会文明的进步，餐饮文化已经逐渐渗透到社会餐饮的各个领域、层次和角落。无论是豪华盛大的晚宴，还是简约快捷的快餐，都能体现它们所具有的餐饮文化；无论是王公显贵、社会名流，还是平民百姓，都对餐饮有着需求，同时也能体现出各自的文化。从文人雅士到人民大众，餐饮文化显现出不同的层次和规模（图1-5）。

图1-5　贵族宴会

2. 民族性与区域性

世界各地不同的地域孕育了不同的民族，同时受到气候、地理等诸多不同的生存环境的影响，形成了各自的餐饮特色，餐饮文化体现出了民族性和区域性。

3. 传承性与发展性

餐饮文化是世界文化的一个重要组成部分。餐饮文化是在人类的历史发展中逐步积累发展起来的，因此也就具有了传承性。在传承餐饮文化的同时，随着科学等文化的发展，影响了餐饮文化，使之在原有的基础上不断地开拓与发展，使餐饮文化具有了发展性，如当今的分子美食是在世界各地的餐饮文化基础上随着化学科学的发展而孕育产生的。

四、餐饮文化的具体内容

餐饮文化是一个广泛的概念。它贯穿于人类的整个发展历程，渗透于当今企业经营和餐饮活动的全过程，体现在餐饮各个方面、各个环节之中，将其归纳一下，我们可以将餐饮文化分为菜品文化、小吃文化、宴会文化、餐厅文化、服务文化、营销文化等六个方面的内容（图1-6）。

菜品文化

- 菜品文化是餐饮文化的基础，人们享受饮食文化，要通过食物这个载体去实现
- 西方饮食文化源远流长，随着历史的变迁，欧洲各国形成了各自的菜品特色，如英国菜品崇尚较简单的调味，而意大利菜品中有较多的红烩、红焖类菜肴

小吃文化

- 小吃文化最能体现民族特色和区域特色，是最具餐饮文化韵味的一种民族文化
- 小吃在现代生活中日益成为人们推崇的餐饮文化形式，因为小吃形式自由，不必拘泥于繁文缛节，可以增进人们之间的自由交流
- 小吃能迅速解决饥渴，为紧张的工作节奏节约更多的时间
- 小吃也可能存在营养不全面，食用方便而造成过量等问题，因此也造成了肥胖等多种营养问题

宴会文化

- 宴会文化更多的是一种社交文化，是餐饮文化的综合体现
- 宴会文化的文化含量大，因此它的文化品位最高，也最能反映企业的文化档次，如代表欧洲贵族生活的宫廷宴会

餐厅文化

- 餐厅文化是一个餐厅的环境文化，即餐厅的装饰、布置、风格、情调给客人留下的较为深刻的第一印象

服务文化

- 服务文化的实质是一种人的形象文化，即服务员给客人带来的印象
- 服务员代表企业为客人服务，因此他们的装束打扮、服务动作、神态气质都真实反映出企业的形象，如服务员细心入微的服务、及时到位的服务能带给客人宾至如归的印象

营销文化

- 营销文化是一种企业文化
- 营销文化体现企业的经营理念、宗旨、特点以及营销策略、方式等
- 营销文化是企业包装和推销自己、赢得市场的重要手段

图1-6 餐饮文化的内容

五、餐饮文化的特点

世界各国、各地区及各民族都有着自己的餐饮文化特性，但与其他的文化相比较，餐饮文化有一次性、无形性、差异性等共同特点（图1-7）。

一次性　餐饮文化的一次性特点主要体现在餐饮服务中，当客人进入餐厅时，服务员开始对其进行领位、点餐、上菜等服务，当客人离开餐厅时，服务也就自然终止

无形性　餐饮文化在服务效用上有无形性，它不同于水果、蔬菜或者菜点等有形产品，直接能看到，客人能从色泽、大小、形状等就能判别其质量好坏。餐饮服务只能通过就餐客人在享受服务之后，通过亲身的感受来评价餐饮服务的好坏

差异性　餐饮文化的差异性主要从两个方面来体现。从小的方面来说是从菜肴的制作、装盘到客人的需要通过餐饮部门工作人员来完成的，而每位工作人员由于年龄、性别、性格、素质和文化程度等方面的不同，可能同一道菜肴所呈现的方式会有不同，对客人的服务会存在一定差异；从大的方面来说餐饮文化受地域、风俗等因素影响，不同地区的餐饮呈现出不同的特点，形成不同的餐饮文化

直接性　餐饮文化的体现具有直接性，也就是当客人进入一家餐厅，首先从餐厅内的装饰装修上能体现出该餐厅的文化，如大排档与宴会餐厅给人的感觉是完全不同的，这种感觉就是餐厅所想表现的企业文化

图1-7　餐饮文化的特点

知识拓展

正餐（Dinner）

正餐不仅是一天中最隆重的一顿饭，而且它还是人们为漫漫的时间流逝过程订立的一个重要节点。它正式宣告了傍晚的开始，而不管这个宣告真正的时间点是何时。白天人们穿着外出和接待晨访来客的服装，这时候也换成了傍晚的家居服。但晚上的访客还是很多的。接到正餐的邀请比其他任何一顿饭都更为有价值，因为只有这顿饭才能让全家上下忙乎起来。

1819 年《绅士杂志》的一封通讯非常简洁地描述了赫里福德郡的正餐。“贵族与绅士们”在 5 点到 6 点间吃饭，菜样包括“汤、禽肉、猪肉和甜酒：葡萄酒、波特酒和雪利酒”。作者还坚持认为，这种情形不仅仅出现在赫里福德郡，英格兰许多地方都是如此。不过他没说乡绅们也是如此用餐的，他说他们会大吃猪肉，喝苹果酒或啤酒。劳工们吃多少肉要看手头宽不宽裕。住家的仆人和农场工人一般吃得和主人们一样，菜样里会有大量肉食，而贫穷的雇工和小工匠们则很少能吃得起肉。据现存

记录，1794 年时汉普郡的住家农场工人吃得最多的是猪肉和布丁，而 1795 年时劳工们“早饭吃面包、干酪和猪肉，正餐吃卷心菜或其他蔬菜煮粗牛腱块，或猪肉派或布丁，晚饭吃冷猪肉、面包和干酪等，而几乎每顿饭都会喝点啤酒”。

不过，其实，即使是在绅士家庭中，最简单的正餐——也就是说，在没有客人的情况下——也并不奢华。帕森·伍德福德先生就在日记里记下了他独自在家吃饭时正餐的简单菜式：1791 年 7 月间正餐吃得最多的是“炸三文鱼和冷鹅肉”或者“鸡杂汤和烤羊肩肉”。可能还有些佐菜，但因为平时他都会记下在朋友家做客时吃的蔬菜或水果，所以估计他自家的正餐几乎全都是肉。同样简单的正餐可见于 1813 年亨利·奥斯汀在伦敦的家中接待他的妹妹简、他的哥哥爱德华以及爱德华的女儿们时——用简的话来说，“这顿饭吃得非常舒服，有汤、鱼、法式红烧肉、鹌鹑和一份苹果馅饼，我们大概是在快 5 点的时候开始吃的。”

摘自《简·奥斯汀食谱》

项目任务

任务二
西餐文化

作为一名西餐工作者，对于西餐的理解不能仅停留在感性的基础上，还应该对西餐相关文化、历史演变等有充分的了解。只有这样才能更好地学习、把握各派西餐烹饪的技艺。学习本任务的有关知识，对于西餐专业的同学是非常必要的。

Q
西方文化是怎样的？它有哪些特点？

一、西方文化

“西方”一词最初为一个方位词，也就是表示方位的名词，是相对于“东”而言的，具有一定的相对性。当“西方”一词用于对地理概念的描述时，因为其相对性，各个国家都有各自的说法，对于我国来说，“西方”泛指欧美国家和地区。

（一）西方文化的含义

西方文化是指西方人在其社会实践过程中所创造的物质财富和精神财富的总和。它主要包括有着同种文化渊源的欧洲文化和北美文化，所涵盖的内容非常丰富，较为突出的有古希腊的罗马文化、中世纪的基督教文化、近代的文艺复兴文化及启蒙文化、现代的人文主义和科学主义文化。

（二）西方文化的形成

通常认为古希腊的罗马文化是西方文化的源头，古希腊罗马文化在民族的迁徙过程中随之在欧洲各地区发展壮大，近代以后又传播到了其他各洲。每个民族的生存环境对其文化的形成、发展有着重大的影响，西方文化同样也深受自然、地理环境以及社会、经济、生产方式等人文环境影响，形成了分析性、逻辑性、唯物性的特点，与东方文化有着明显的差异。

二、西餐文化的含义

西餐是我国人民根据西餐菜肴所处的地理位置给予的名称。“西”是西方的意思，通常是指欧美各国，“餐”是指饮食菜肴，如今我们常说的西餐主要是对欧美各国菜肴的总称。西餐文化是指西方人在长期的饮食生产与消费实践中所创造并积累的物质财富和精神财富的总和。西方餐饮文化的发展也是兴起于古希腊罗马，在中世纪的中、后期逐渐形成了如今西餐就餐形式的雏形。西餐的发展壮大与近代法国对餐饮的重视不无关系，在法国王室的关注下，才有如今“蓝带”的雏形，最终使法国菜肴成为世界知名的一种西餐（图1-8）。

图1-8　法国蓝带

三、西餐文化的特点

人类文化的历史悠久，在文化的发展过程中也创造出了独具特色的餐饮文化，而西餐的餐饮文化通常又与当地的民族迁徙、宗教的传播等息息相关，因此在各地颇具风格的餐饮文化基础上有着较多的共同点。

（一）完整系统的学科体系

随着科学理论分析的发展，西方逐渐形成了较系统的烹饪营养学、烹饪化学、烹饪卫生学、食品微生物学以及餐饮营运管理等方面的科学依据，同时西餐的烹饪技术方面也有较多的技术实践、技术理论等众多典籍，如《别出心裁的糕点师傅》《巴黎皇家糕饼师傅》《法国大饭店》《食品》等（图1-9），还有烹饪文化与艺术类结合的著作，包括有烹饪历史、烹饪美学与哲学、烹饪艺术等众多典籍，形成了完整的西餐烹饪学科体系。

图1-9　《Leviander de Taillevent》

（二）悠久的餐饮历史

西方的餐饮历史是伴随着西方国家政治的分裂、经济和文化中心的不断迁移而变化的。西餐的鼻祖是古希腊和古罗马，当时的饮食受自然环境的影响较大，人们的食物也是依据不同职务级别而定。当西餐发展到中世纪时，日耳曼部落发展了早期的不列颠烹调文化，在中世纪的后期形成了西餐就餐形式的雏形。近代的西餐发展归功于文艺复兴，新大陆的发现、交通运输的发展，都促进了烹饪食材的发展变化，在发展过程中意大利菜肴凭借其优势脱颖而出，但是在近代西方餐饮发展中拥有辉煌成就和举世瞩目的成绩的当属法国菜，除了当时皇族钟爱餐饮的原因外，意大利菜肴的烹饪方式等也促进了法国菜肴的发展壮大，逐步形成了现今世界知名的法国餐饮特色。

（三）精湛的技艺与丰富的饮食品种

西方人在菜点的制作上追求精益求精，要求完美，无论是菜点还是饮料的制作中，都无不表现出了其精湛的技艺。以菜肴制作为例，在原料选用上非常精细，严格按照原料的不同部位、品质特点，采用不同的烹制技法进行烹制；在原料的加工成型中原料的基本形态较简单，主菜形状多为大块、厚片，一般不会在刀工上使用太多技法；在烹制工艺上，虽然烹饪方法多样，但常用的有以油为传热介质的煎，以水为传热介质的焖、烩，以空气为传热介质的烤、焗等，因为这些烹调技法更加能够最大限度保持菜肴的营养成分，现今在烹饪技艺上有着迅速的、全新的发展，不断更新设备和提高烹饪技术以优化餐饮产品的生产工艺，如“分子烹饪”“分子调酒”等新工艺就将餐饮产品从上菜形式到外观都颠覆了大众对餐饮产品的固有认知；在菜肴的调味上，除了烹调前的基本调味外，更强调的是少司的调味功能，形成从基础汤到基础少司，再到最后的调味少司，确定了一道菜肴的口味特征，而在少司的制作过程中更注重香料、酒、乳制品的使用。

西方各个国家、各民族拥有悠久的历史，在漫长的时间里由职业厨师和家庭主妇创造出了成千上万的各种菜点和饮品，形成了众多的菜系和风味流派，其中最具有代表性的有法国菜、意大利菜、俄罗斯菜、德国菜、美国菜、英国菜及土耳其菜等，都能体现出浓郁的地方特色和风俗习惯。

（四）丰富多彩的餐饮习俗

餐饮习俗是人们自古以来在饮食产品的生产与消费中形成的习惯，也可以称为食俗，通常可以分为日常食俗、节日食俗、社交食俗、民族食俗、宗教食俗，等等。西方的民俗包括饮食民俗是丰富多彩的，如在日常食俗中，西方人主要以肉食为主，通常食用较多的是牛、羊和海鲜等，而对这些动物性原料的养殖也有较严格的控制体系，比如在牛肉的使用中就可以依据牛龄进行选择，可以选择小牛肉、牛肉等。

在饮品的选用上主要是酒、咖啡和茶。酒对于世界各个地域、各个民族来说都具有非凡的意义。自古以来，酒都被认为是神赐予人类的美好事物之一，在人类历史发展中扮演着重要的角色。各民族都有着自己独特的美酒，也有着不同的酒文化。酒的酿造原理大同小异，西方人酿酒多以葡萄为原料，因此多带有水果的风味特点，如发酵酒中的红葡萄酒、白葡萄酒和啤酒，而蒸馏酒多从葡萄酒中蒸馏而来。在西餐的餐饮文化中，无论是使用酒作调味，还是饮用都讲究不同的原料使用不同酒，如白葡萄酒常用于海鲜类原料的烹制，或者食用海鲜菜肴时的佐酒。咖啡在公元6世纪的非洲埃塞俄比亚被当地土著咀嚼用于提神，继而被传播开来。到公元17世纪，在欧洲出现了咖啡馆，逐渐被欧洲人所接受，咖啡也被人们称为“思考者的饮料”。现在咖啡已在世界各地广泛种植，我国的云南也是优质咖啡的产地。随着对咖啡从咖啡豆的品质、焙烤的口感特点到咖啡的冲泡方法的不断探索，也形成较为丰富的咖啡文化，产生了拿铁、卡布奇诺等不同的咖啡饮品。茶叶原产于中国，其最早的运用可追溯至周武王时期，史料也有巴蜀一带以茶叶为贡品的记载。茶叶于15世纪传往欧洲，深受欧洲各国喜爱。如今在欧美地区形成了以英国为代表的英式饮茶法，也就是大家所熟知的“英式下午茶”。

西方人用餐工具时主要用刀和叉，这与西方人常烹饪大块原料有关，在食用时必须用刀切割肉食将整块的肉分成小块，然后叉取小块菜肴食用，因此在就餐过程中刀是负责切割菜肴，而叉则是用于叉取食物的。西餐的进餐方式主要是分餐制，最早的分餐制，是一盘菜由仆人端到每位食客的边上，由食客分餐到自己的盘中，现代的西餐更多的是每人份制，食客可以根据自己喜好点餐。

知识拓展

西方的饮食观念

西方人持有的是一种理性的、讲究科学的饮食观念。他们强调饮食的营养价值，注重食物所含蛋白质、脂肪、热量和维生素的多少，特别讲究食物的营养成分含量是否搭配合宜，卡路里的供给量是否恰到好处，以及这些营养成分是否能为进食者充分吸收，有无其他副作用。西方人在烹饪时尽可能保持食物的原汁和天然营养，而不追求食物的色、香、味、形的完美。即便是口味千篇一律，甚至味同嚼蜡，他们也会将它吃下去。在饮食上反映出的是一种强烈的实用与功利的目的。一部分西方人认为，饮食仅仅是生存的一种手段，用以果腹充饥而已，只不过他们采用了一种更科学、规范和理性的方式。如他们的中小学校都配有营养师，以保证青少年的营养充足和平衡。这种科学化、定性定量的饮食观念，是值得借鉴的。但同时这又使西餐在用料上受到极大的局限，如大部分的西方人不吃动物内脏以及一切他们认为没有营养价值的东西。他们在烹饪技巧上也显得相对机械呆板，牛排就是牛排，鸡就是鸡，各式蔬菜也绝不会混杂串味，当然也就变不出多少花样来，因此在现代的西餐烹制过程中，西餐厨师会注重主料与配菜的烹制手法的多样性，以体现菜肴口味的丰富性。

西方的饮食科学内容十分丰富，它的核心主要是独特的饮食思想和科学技术与管理。在饮食思想上，由于西方哲学讲究实体与虚空的分离与对立，在文化精神和思维模式上形成了天人分离、强调形式结构、注重明晰等特色。这使得西方人在饮食科学上产生了独特的观念，即天人相分。

想一想 练一练

一、项目总结

了解一个国家、一个民族的菜肴，不只是简单地掌握他们吃什么、怎么吃，还要进一步了解他们为什么要这样吃，以及每一道菜肴背后的故事。熟悉这个国家或地区的自然条件、发展历史、人文习俗，从内而外地了解当地的饮食习惯与口味，抓住西餐真正的精髓之处，而不是对肤浅的表面技艺进行简单而重复的模仿。

西方人持有的是一种理性的、讲究科学的饮食观念。他们强调饮食的营养价值，注重食物所含的营养素的多少，特别讲究食物的营养成分是否搭配合宜。在烹饪时尽量保持食物的原汁和天然营养，而不刻意追求食物的色、香、味、形的完美。

二、项目练习

（一）判断题

（　）1. 餐饮文化是在生产与消费饮食品的过程中产生的。

（　）2. 狭义的餐饮文化具体来说就是关于人类吃什么、怎么吃、为什么吃的学问，涉及饮食品种、饮食器具、饮食习俗、饮食服务等。

（　）3. 餐饮文化中的制度文化是餐饮文化结构的表层部分，是人们可以直接触知到的餐饮文化的内容。

（　）4. 只有豪华盛大的晚宴，才是餐饮；简约快捷的快餐，算不上餐饮。

（　）5. 餐饮文化本身也是世界文化的一个重要组成部分。

（　）6. 西方餐饮文化是西方人在长期的饮食生产与消费实践过程中，所创造并积累的物质财富和精神财富的总和。

（　）7. 法国菜在极大地吸收意大利烹饪特色的基础上结合自己的优势而壮大发展起来，最终形成了法国餐饮自身特色。

（　）8. 最初法国菜深受意大利烹饪的影响。

（　）9. 西方人用餐叉叉取食物。

（　）10. 西方人的餐叉除了叉取食物外还可替代汤匙进食汤羹以外的菜品。

（二）选择题

1. 广义的餐饮文化是以（　）为载体，反映出明确的精神内容。

A. 历史　　B. 精神

C. 文化　　D. 物质

2. 狭义餐饮文化涉及饮食品种、（　）、饮食习俗、饮食服务等。

A. 餐饮书籍　　B. 饮食器具

C. 餐饮科技　　D. 餐饮历史

3. 餐饮文化中的精神文化将烹饪、品尝用餐的过程与价值观念、（　）、思维方式等主观因素相结合。

A. 餐饮书籍　　B. 饮食风俗

C. 审美情趣　　D. 餐饮仪式

4. 餐饮文化的基本特征有（　）。

A. 传承性与发展性　　B. 制度文化

C. 审美情趣　　D. 物质文化

5. 菜品、饮料、器皿等物质实物以及餐厅、酒店、宾馆等实体性设施属于餐饮文化中的（　）。

A. 精神文化　　B. 制度文化

C. 物质文化　　D. 广义餐饮文化

6. 西方文化主要包括有着同种文化渊源的（　）以及北美文化。

A. 欧洲文化　　B. 亚洲文化

C. 非洲文化　　D. 澳洲文化

7. 茶于（　）传往欧洲。

A. 15世纪　　B. 14世纪

C. 16世纪　　D. 856年

8.（　）享有“思考者的饮料”之称。

A. 可乐　　B. 咖啡

C. 茶　　D. 威士忌

项目二

西餐发展史和各国风味流派

学习目标

1. 了解西餐发展历史。
2. 熟悉各国西餐流派的特色。
3. 掌握西餐变化发展的规律与特点，并能辨别各国西餐。
4. 通过对西餐发展史与各国风味流派的学习，增强对西餐烹调工作的探索与思考的热情。

项目描述

餐饮历史是餐饮烹饪文化发展的历史，是人类征服自然、适应自然以求获得生存和发展的历史。它随着人类整体的政治、历史、经济、文化和思想的发展而发展。由于在不同的地区各个国家的历史、政治、经济、文化、思想上的差异，造成了各个国家与地区在餐饮发展史上有所差异。

项目任务

任务一

西方餐饮发展史

在西方国家，政治上的长期分裂，经济、文化中心的不断迁移，在很大程度上导致了西方餐饮历史呈现出板块移动式、不平衡的发展格局，每个国家最繁荣的历史阶段也是该国餐饮文化最具影响力的时代。

Q1
西餐从古至今就是我们现在所看到的这样吗?

一、西餐的历史

（一）古希腊与古罗马——西餐的起源

公元前5世纪～前4世纪的希腊一直以来被认为是西方餐饮的起源。当时希腊的许多地方拥有高度发达的烹饪技术，如当时希腊的殖民地西西里岛就是一个经济十分繁荣的地方，烹饪同样也非常闻名。之后马其顿国在亚历山大大帝的统治下迅速崛起，使得希腊烹饪技术在欧洲地中海等地区广泛传播开来。当大部分地区成为罗马帝国的一部分后，受到希腊烹饪文化影响下的罗马烹饪，又成了西欧大多数国家烹饪的直接渊源。

古罗马在餐饮格局、烹饪方法等方面较多地延续了古希腊风格，尤其希腊传来的是讲究奢侈浮华和挥霍无度的享乐风气，形成了古罗马粗犷与精细兼有、朴素与奢华并存的餐饮风格。

（二）意大利——古代西餐的代表

意大利菜源于古希腊和古罗马，是西餐中被公认的历史最悠久的风味流派，也可以说是西餐的鼻祖。凭借着自身古朴的风格成为古代西餐中当之无愧的领导者，在16世纪末之前，意大利菜十分兴盛。

意大利的烹饪直接继承希腊与罗马的烹饪，并结合自身的发展，在15世纪以前就拥有了独特的烹饪风格。文艺复兴时期，意大利的厨师充分展现出自己的才华，不但有品种丰富、样式多变的菜肴，更制作出了享誉世界的通心粉和比萨这两种面食，形成了意大利烹饪独有的风格。由于当时厨师的不懈努力，意大利烹饪呈现出繁荣兴盛的局面，并影响了西方其他国家，一举成为古代西方餐饮的领导者。

（三）法国——近代西餐的代表

法国人的祖先高卢人最初的烹饪技术是十分原始、粗犷的，所用原料以麦面和野味为主，最擅长烤的烹饪方法，当同时代罗马人的烹饪体现得更为高超、奢华时，法国人开始向罗马人学习，逐渐脱离最初的原始状态。到了中世纪，法国烹饪受到意大利菜的影响，逐渐在菜肴制作中注重选料广泛、烹饪技术精致，但这一时期的法国菜较多地借鉴了意大利菜肴的制作方法，缺少自己的特点。

法国菜真正飞速发展是在17世纪，当时的法国菜制作既吸取意大利烹饪的精华，又结合了自身的优势对菜肴进行发展创新，真正拥有了自己独特的烹饪风格。

而法国烹饪的发展、壮大，以至成为西餐的代表，在其发展过程中有两个不可或缺的因素：一是1533年意大利梅德契家族的卡德丽娜公主嫁（图2-1）给了法国的亨利二世，以50名私人厨师作为陪嫁，意大利先进的烹饪方法和原料被带到法国，极大地影响并促进了法国烹饪的发展；二是法国巴黎起到了非常关键的作用，在历史上巴黎一直有美食之都的美誉，不但聚集着全国各地的优质烹饪原料，还拥有许多重视美食、具备高超鉴赏能力的美食家，更有工作认真、具备改革与创新精神的烹饪制作者。

图2-1　卡德丽娜公主

到了18～19世纪，法国菜已发展得非常成熟，在西方国家已极负盛名，逐步开始影响欧洲各个角落，法国厨师们被西方各国高价聘请，而各国厨师也纷纷到法国进行学习。一时间，法国菜成为西餐的统治者，是西方人饮食生活中热门的话题。法国烹饪除保持着良好的传统，广泛地使用优质的烹饪原料外，人们更加重视饮食文化，并且非常尊重厨师，厨师也有更强烈的责任感以及改革和创新的精神，因此在近代西餐发展中法国菜取得了举世瞩目的成绩。

（四）英国——现代西餐发展的桥梁

英国菜的形成与发展很大程度上受到意大利菜和法国菜的影响。在古代，英国人的祖先朱特人和盎格鲁-撒克逊人最初的烹饪都十分原始、粗犷，菜点的数量要求远远高于质量要求。1066年，诺曼底公爵威廉征服英国，成为英国的国王后，也开始了英国餐饮历史上的“诺曼征服时期”，因为诺曼底人进入英国，带来了法国、意大利的生活习惯、生活方式和烹饪技术，使英国烹饪走上了文明之路，被视为是英国烹饪发展的转折点。

16～17世纪也是英国烹饪发展的重要时期，此时的英国王室和贵族成员热衷于法国菜，而1534年国王亨利八世拒绝了罗马教皇的控制，与罗马等天主教国家的关系破裂，导致外来因素对英国的影响减少了，英国的民族个性和特色有所发展，促进了英国烹饪逐渐形成自身的特色。16世纪60年代的清教徒运动，由于清教徒反对食用香料与饮酒，并取消了所有的筵席和宴会，使得当时的英国烹饪又呈现出两种烹饪风格并存的局面。上层社会的烹饪，以法国菜极其精美的风格为主，中下层社会尤其是下层社会的烹饪，则更多地沿袭和推崇英国古老的传统，讲究简朴、实惠，初步形成了简约的烹饪风格，强调简单有效地使用优质原料，并尽可能地保持原料原有的品质和滋味。

（五）美国——现代餐饮代表

美国菜主要源于英国菜。美国是一个移民国家，仅有300多年的历史。可以说英国人是美洲大陆上早期移民的主体，1607年开始的早期移民中，英国人占了较大的比例，其中还有许多是清教徒，他们利用当地的食物原料烹饪出英国风格的菜肴，使得这里的饮食烹饪具有浓厚的英国气息。

18～19世纪，英国、德国等国移民大量涌入美国，大力开发美国丰富的土地资源，美国国土从1790年的9亿公顷扩展到了1860年的47亿公顷，人口也从三百万增加到三千万，经济日益繁荣，与欧洲的交流更加频繁，于是在饮食烹饪上也融入了更多的风格。

20世纪后，美国由一个农业国转型为工业生产国，机器加工和科学技术使美国的经济出现了飞速发展，美国的烹饪此时也脱颖而出，逐步形成了自己鲜明的特色，即简单、方便、快捷，而最具代表性的是工业化生产的各种饮料和现代快餐食品、速冻食品等，如影响世界的“可口可乐”。

新的科技革命使美国经济再次迅速发展，进入了高度繁荣时期，科技革命和管理革命提高劳动生产率和劳动者收入水平的同时，也使人们越来越迫切地要求获得简单、方便、快捷的食品，实现了家务劳动包括家庭烹饪的社会化，而机器加工和科学技术造就了生产的自动化，促进了传统的手工烹饪在一定程度上向现代的工业烹饪的转变，促进了食品加工技术与手段的提高，出现了如麦当劳、肯德基等快餐餐饮业。

Q2

西餐对于中国餐饮的影响有哪些?

二、西餐在中国的发展历史

（一）西餐早期进入中国

中西餐饮文化交流始于秦汉时期，也是雏形时期，由于物资的匮乏，这个时期主要是原料及栽种技术的传播，如从大宛、乌孙等西域诸国传入的人蒜，起初被称为“胡蒜”。之后随着丝绸之路传入我国的有葡萄、石榴、胡麻、胡豆、胡桃、胡瓜、菠菜和西瓜等，由海路传入的胡萝卜、洋葱、南瓜、玉米、番茄、向日葵、花生、马铃薯、卷心菜等，逐渐成为中华餐饮中不可或缺的原材料。

西餐饮食文化较系统地传入我国的时期是元朝，其代表人物是马可·波罗，他在游历中国时，将西方的烹饪技术和进食方法传入中国。明中期出现大批外国传教士来到中国传经布道，也传播了西方的饮食文化。

（二）中国近代西餐

清末，五大通商口岸开启了西餐的流行，当洋务运动兴起时，中国人到国外游历求学日益频繁，伴随着国人思想的革新，加快了现代西餐东传的文明历程。当时较有名的西餐馆有六国饭店的西餐厅、张森隆西餐馆等，吃西餐在此时还只是一种时髦，只有外交场合或者试图进入外国人的生活圈子的有钱人才会进入西餐馆，一般平民百姓不可能把西餐当正餐，因此在中小城市中西餐并不流行。

随着中华人民共和国成立后，西餐菜肴中以俄式菜为主，如20世纪50年代，在北京当时最有名的是莫斯科餐厅和新侨饭店，主要经营的就是俄式菜。

（三）现代西餐在中国的存在形式

随着我国改革开放步伐的加快，对外交流的日益增多，西餐业在现代中国发展非常迅猛，形式也是多种多样。

1. 快餐

20世纪60年代至70年代，由于现代工业的快速发展，促使人们快节奏地生活，快餐也就孕育而生，在世界各地迅速流行起来。20世纪末，美国已经出现了数以百计的快餐食品，汉堡、热狗、三明治、意大利面、比萨、美式炸鸡、法式炸薯条等快餐给人们提供了广阔的餐饮选择。1995年美国快餐店就有12.8万家，占全美餐饮业的42.6%。这种快节奏的餐饮越来越受到人们的欢迎。

20世纪80年代末，以麦当劳、肯德基等为代表的西式快餐开始进入中国市场，深得人们的喜爱，并很快取得较好的业绩。接着必胜客、加州牛肉面、吉野家、德克士等快餐品牌又陆续涌进中国市场，一时间都市大街小巷如雨后春笋般涌现出大大小小不可胜数的快餐店。

西式快餐的进入给中国餐饮界带来了一场深刻的变革，也给中餐的经营者带来了新视角和新思维，促进了中餐快餐业的发展。

2. 咖啡馆

咖啡馆的兴起据考证是在15世纪末，首先在沙特阿拉伯的麦加和麦地出现专门从事咖啡的店铺，由于其轻松的氛围而得以流行。发展到公元17世纪中叶，在欧洲的各大城市到处可见咖啡屋的身影。很多作家、艺术家、诗人以及社会名流经常聚集在这些场所，逐渐体现出了咖啡馆现代气息，在“文艺之都”巴黎、“音乐之都”维也纳、“绘画之都”米兰等世界著名城市中，咖啡馆成了这些城市的浪漫气息和符号。

近年来，咖啡馆在中国逐渐繁荣，最初的国内咖啡市场还很不成熟，通过几年的营销，首先使白领阶层接触并接纳了咖啡馆的形式，随之得到了中国市场的认可。近年来，咖啡馆在中国的发展非常快，人们非常喜欢其轻松、和谐的气氛，同时咖啡馆为适应市场的需要，也逐步提供一些甜品、简餐的服务，以迎合大众的口味。

知识拓展

西方人眼中的中餐

约翰·戴维斯在中国生活多年，因此对中国相当了解。他以一个西方人的视角对中餐及中餐烹饪法做了较为详尽的描述。他认为中式烹调法与法式烹调法尤其相似，而又完全不同于英式烹调法。因为中国菜像法国菜一样，都讲究用应季的蔬菜，而不是其他常见的原料。中国富人的饮食更倾向于感官享受，但是一些中国人喜欢的佳肴，对西方人却没有太大的吸引力。佛教的盛行是中国人肉类消耗量少的一大原因。一些西方蔬菜被引入中国，例如多用于炖食的豌豆，就是从荷兰引进的。西方国家驻华大使馆的人也用大白菜来代替生菜。他还注意到人们用大量的盐腌制食物（尤其是鱼），然后放在太阳下晒干以延长保存时间。

约翰·亨利·格雷对中国人的饮食习惯，尤其是中国餐馆有着更详尽的描述。他注意到中国餐馆与西方餐馆之间存在着诸多差异。大多数中国餐馆都有好几层：第一层为厨房，第二层为散客大厅，上面几层均为雅间，每个雅间都配有一张菜单，并专门有一个侍者负责为客人点菜。一场盛宴的菜肴通常多达百道以上，首先以敬酒开始，有身份的人常会给邻座夹菜以示友好。桌上不铺桌布，宴会结束时给客人提供手巾和一盆热水。旅店供应的正餐与餐馆供应的大不相同，通常有烤猪肉、烤鸭、煮禽肉米饭或者鱼肉米饭。茶馆到处都是，茶馆的厨房也很大，在那里，穿戴整洁的厨师正忙着制作各种酥皮糕点。

摘自《美国快餐文化在中国的传播效果》

项目任务

任务二
各国西餐发展流派

西餐是对西方餐饮文化的统称。“西方”习惯上是指欧洲国家和地区，以及由这些国家和地区为主要移民的北美洲、南美洲和大洋洲的广大区域。西方各国的餐饮文化有各自的特点，各个国家的菜式也不尽相同，因此我们按照国家将其分类，其中具有代表性的有意大利菜、法国菜、俄罗斯菜、英国菜、美国菜和土耳其菜等。

Q1
意大利菜具体有哪些特色?

一、意大利菜

意大利，全称意大利共和国，是一个由南欧的亚平宁半岛及两个位于地中海中的岛屿西西里岛与撒丁岛所组成的欧洲国家，国土面积为301333平方千米，人口5898万（2022年1月）。

（一）意大利餐饮特点

意大利的烹饪艺术具有悠久的历史，并在文艺复兴时期就已显示出了它的光辉，被誉为“西餐烹调艺术之母”。

1. 意大利菜肴构成

意大利人喜欢食用各类开胃菜、比萨、面条等，一般早餐较为清淡，主要以浓咖啡为主，午餐主要以面条、汤、干酪等为主，通常意大利人将晚餐作为正餐，其中会包括4~5道菜式，可以零点，也可选择定期更新的晚市套餐，其菜肴主要由头盘、两道菜肴及甜品等构成（表2-1）。

表2-1　意大利正餐菜肴构成

头盘	意大利文称Antipasto，即“用餐之前”的意思 可分为冷头盘（如火腿香肠、沙拉或醋腌蔬菜等）和热（煎、炸菜式如炸鱿鱼等）头盘 也可选拼盘，即分量少但品种较多的头盘组合
第一道菜	主要是汤、意粉或烩饭，意大利文是Primo Pratto 由于之后仍有主菜，所以分量较少
第二道菜	也称为主菜，是整个晚餐的灵魂，主要是海鲜或肉类菜式 烹调方式以烧烤或油炸为主，享用时可根据自己喜好加盐或橄榄油
甜品	意大利文称为Dlolce 通常是在享用主菜后才点选的，在吃甜品前通常可多点一份干酪

2. 意大利用餐习惯

意大利菜肴最能让大家记住的就是意大利面条和比萨，但这并不是全部，意大利人的菜肴具有自身的特色。

（1）注重原汁原味　意大利菜肴注重保持原料的本味、本色，用原料在加工过程中的汁水烹制少司，起到增香、增味的作用，而意大利菜肴的烹制过程通常较为简单，常用煎、烤等烹调方式。

（2）传统与时尚并存　意大利菜的历史悠久，传统菜肴中以红烩、红焖较多，意大利的厨师喜欢在节日里烹制拿手的传统菜点。随着世界交流的机会增多，意大利的厨师不再拘泥于传统，逐渐将流行的时尚元素融入菜肴中，使菜肴既保留了传统，又别具风味。

（3）米面做菜，花样繁多　意大利人善于米、面的烹制，其中意大利面条以上百种的品种举世闻名，而由此产生的意大利面条菜肴更是不胜枚举。不同的意大利面条由于烹调时产生的作用不同，故适用的菜肴也是不同的，但常用的烹调方法主要有焗、煮、焖、炒四种。

（4）干酪在菜肴中使用广泛　干酪在意大利菜肴中使用相当普遍，意大利干酪可作为佐酒的小菜，也可以入菜，加入干酪能提升菜肴的香味，使菜肴口感变得丰满，还能增加菜肴的营养价值。

（二）意大利特色食物

1. 意大利面食

在西方面食中，意大利面食可谓一枝独秀，其特点是大部分面条都用模子做成特定的形状，且名称由其形状来决定，意大利面条品种很多，在使用中既可以单独做成主菜，也可以与各种肉类、海鲜和蔬菜一起做成主菜，较著名的面食有干酪通心面、泰特拉齐尼等（表2-2）。

表2-2　意大利面条菜肴

名称	制作方法	特点
干酪通心面（Macaroni and Cheese）	煮好的通心面拌入干酪，还可以拌入鸡蛋和蔬菜等，拌匀后在烤箱里烤至金黄色即可	是在西方国家最受欢迎的面食之一，被公认为最滋润可口的食物之一，意大利人认为自己是吃干酪通心面长大的
泰特拉齐尼（Tetrazzini）	也被称为泰特拉齐尼鸡，是将意大利细长面和鸡肉分别煮熟，蘑菇用黄油炒熟，用干酪将所有原料拌在一起，入烤箱烤至金黄色即可	此菜最早是用感恩节剩余火鸡制作而成的，是由大厨师奥古斯特·埃斯科菲耶为意大利女高音歌唱家路易莎·泰特拉齐尼所做的
青菜拌面（Pasta Primavera）	就是加有青菜的面食，制作时将时令蔬菜加入面食拌匀即可	这种面条在意大利已有好几百年的历史
意大利饺子（Ravioli）	意大利饺子呈方形或圆形，用来做饺子馅的食物通常有干酪、肉类和蔬菜等。包好的意大利饺子先用水煮熟，捞出锅后在上面放一些奶油、干酪或番茄酱，然后再在烤箱内烤一会儿即成	整体口感比较硬

续表

名称	制作方法	特点
意大利调味米饭（Risotto）	就是意大利炒米饭，是用一种出产于意大利的、颗粒短小的大米做成的，先把大米用黄油炒一下，然后一边炒一边慢慢加入烧热的高汤，直至锅中的大米膨胀，但仍保持颗粒完整，看起来像涂有一层奶油一样	成品状态介于中国的炒米饭和米粥之间，口感滋润可口

2. 意大利比萨

比萨是一种由特殊的饼底、干酪、酱汁和馅料做成的具有意大利风味的食品（图2–2），现在这种食品已经成为全球通行的食物，受到各国消费者的喜爱。一种普遍的说法是比萨来源于中国，其原型是当年意大利著名旅行家马可·波罗在中国旅行时最喜欢吃一种中国北方流行的葱油馅饼。回到意大利后，他一直想再次品尝那种馅饼。一天，他同朋友在家中聚会，其中有一位来自那不勒斯的厨师，马可·波罗向这位厨师描述起中国北方的香葱馅饼，而那位厨师听后，兴致勃勃地按马可·波罗所描绘的方法制作起来，可忙活了半天就是无法将馅料放入面团中。此时已快下午两点，大家都饥肠辘辘了，于是，马可·波罗就提议将馅料放在面饼上吃。大家吃后都感觉口味相当好，而那位厨师回到那不勒斯后又做了几次，并配上了那不勒斯的干酪和调料，受食客们的大力欢迎，从此比萨就广为流传。

图2–2 比萨

据统计，在意大利总共有两万多家比萨店，其中那不勒斯地区就有1200家。大多数那不勒斯人每周至少吃一个比萨，有些人甚至每天午餐和晚餐都吃。在意大利食用比萨时都习惯将比萨折起来拿在手上吃。

比萨必须软硬适中，即使将其折叠起来，外层也不应破裂，而一份上等的比萨必须具备新鲜的饼皮、上等的干酪、顶级的比萨酱和新鲜的馅料四个特质。饼皮是每天现做，面粉一般用春冬两季的甲级小麦研磨而成，这样做成的饼底才会外层香脆、内层松软；干酪是比萨的灵魂，制作比萨饼时一般选用富含蛋白质、维生素、矿物质和钙质及低热量的马苏里拉（Mozzarella）干酪。

比萨可制作成不同的大小，供食客根据需要选用，通常有6英寸、9英寸和12英寸三种尺寸，一般6英寸的会切成4块，9英寸的会切成6块，12英寸的会切成8块提供给食客（1英寸=2.54厘米）。比萨可以按厚度分为厚、薄两种，较受欢迎的是薄饼比萨。

Q2
法国菜具体有哪些特色？

二、法国菜

法国，全称法兰西共和国，位于欧洲西部，北邻比利时、卢森堡、德国、瑞士，东接意大利、摩纳哥，南连西班牙、安道尔，西北隔英吉利海峡与英国相望，国土面积550000平方千米（不含海外领地），人口为6563万人（2022年1月）。

（一）法国餐饮特色

法国人的烹饪技术非常高超，欧洲受欢迎的佳肴，大多是由法国人烹制的，而且欧洲一流的大饭店或餐厅所雇用的厨师大多也是法国人。

1. 选料考究、广泛

法国菜最突出的特点是选料广泛。法国菜常选用稀有的名贵原料，如蜗牛、牛蛙、鹅肝、松露等。其中用蜗牛和蛙腿做成的菜，是法国菜中的名品，许多外国客人为了一饱口福而前往法国。此外，法国菜还喜欢用各种野味，如鸽子、鹌鹑、斑鸠、鹿、野兔等。由于选料广泛，品种就能按季节及时更换，因而使就餐者对菜肴始终保持着新鲜感，这就是法国菜诱人的原因之一。

法国人对于食物绝不只是停留于填饱肚子的阶段，而是一种享受生活的态度，因此享用一顿正式的法国餐要花上4～5小时是常有的事。从开胃菜、海鲜、肉类、干酪到甜点，虽然程序繁复，但重要的并不是吃进多少食物，而是在品尝佳肴过程中，充分享受餐厅的氛围，欣赏餐具器皿与食物的搭配。

2. 极其注重汤汁

法国菜中的调味汁（Sauce）可以说是整个菜肴的灵魂。调味汁通常由专门的厨师制作，不同种类的菜肴搭配的调味汁也是不同的。一些特殊调味汁的汤底更是要经过长达12小时的熬制才能完成。比如说肉类调味汁的布朗基础汤（Brown Stock）就是混合了几十种原料及香料，经过三种以上的烹调方法调制出来的。由此可见法国人对调味汁的追求可谓到达了极限。

3. 注重原料食用时的成熟程度

法国人对不同食物成熟度要求很高，一般在食用牛排时要求牛排三成熟或四成熟，食用烤牛肉或烤羊腿时要求七至八成熟，而一些海鲜，如牡蛎、三文鱼、真鲷鱼，法国人比较喜欢生食。

4. 善于用酒

法国地理位置及气候条件非常适合酿造高品质的葡萄酒、白兰地和香槟等，是世界上最大的葡萄酒生产国。他们不但在餐饮的酒类搭配上非常讲究，而且还擅长把各种酒运用到烹调菜肴中，如制作甜菜和点心时常用朗姆酒，海鲜用白兰地和白葡萄酒，而牛排用红葡萄酒。酒内所蕴含的芳香类物质在菜肴制作过程中会充分融入食材中，以达到增加风味的目的。

5. 善用干酪

法国的畜牧业非常发达，所以干酪的质量非常高。在现代法式菜肴中，干酪使用的比例相当大。许多菜肴都会加入干酪来增强口感，同时干酪也能直接食用。干酪属于发酵的乳制品，是牛奶经过凝乳酶作用凝结成固体，再经过乳酸菌发酵而成。法国奶酪的品种较多，可以说，每个地区都有自己独特的干酪。

（二）法国特色食物

1. 鹅肝

鹅肝，法语称为“Foie Gras”，是法国的传统名菜。据记载大约4000年前，古埃及人喜欢食用鹅肉，而2000多年前的罗马人发现了鹅肝的美味。他们将鹅肝配以无花果食用，被恺撒大帝称为极品佳肴。当流传到法国后，在法国西南部的乡村，有人用鹅肝制作肉冻及肉酱，并搭配法国面包食用。这种做法及吃法虽然简单，但很容易被人接受，鹅肝便开始名声大噪了。

在法国美食学上有不少关于鹅肝的记载，可以说它是一道历史悠久的传统佳肴。在法国路易十六时期，鹅肝被进贡到法国宫廷后，深受宫廷喜爱。可以用来制作鹅肝的鹅并不多，因为只有体型够大的鹅才能制作出足够重的鹅肝，而且鹅肝的颜色也是非常重要的，受伤或有损坏的鹅肝是不会被采用的。

用于生产鹅肝的鹅，其饲养过程也有着独特之处。通常在鹅孵化后的14周内会被饲养在室外，以提供给它一个自然环境，使其增强免疫力。经过4周后，饲养人员开始为期4周的强制进食，用特制的粟米每日3次喂食鹅，直至鹅肝被撑大为止，所以用于制作菜肴的鹅肝一般会重达700 ~ 900克（图2-3），也使鹅肝产生了入口即化、柔嫩细致、唇齿留香、余味无穷的精妙口感，充分勾起人们味蕾的无限欲望。

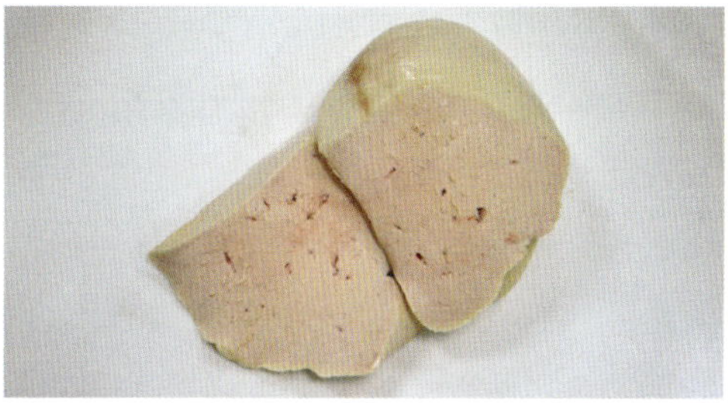

图2-3　鹅肝

食用鹅肝时如果是鹅肝制作的菜肴只需刀叉即可，礼仪上无特殊要求。如果是食用鹅肝酱，最好将其抹在面包上，就着面包一起入口，此时的面包最好是嵌有核桃仁的全黑面包，将面包翻烤后，趁热在面包上抹上一小块鹅肝，再一起放入口中，这样就可以品尝到极致的美味。

法国经典的鹅肝菜有：香煎鹅肝、鹅肝酱、鹅肝酱煎鲜贝。

2. 蜗牛

法国人一直将食用蜗牛视为时髦和富裕的象征，每逢喜庆节日，家宴上的第一道冷菜就是蜗牛。据不完全统计，法国人每年至少要吃掉6万吨蜗牛肉，折合30万吨鲜活蜗牛，其中90%以上依靠进口。在法国，蜗牛的制作方法有很多，其中较著名的是焗蜗牛，把蜗牛肉和蜗牛壳分离，用白兰地、牛油等调料帮蜗牛肉“装身”，烤制后再放回蜗牛壳里上桌（图2-4）。此时蜗牛肉糯香结合，使人唇齿留香。

图2-4　焗蜗牛

法国经典的蜗牛菜肴有：香草牛油焗蜗牛、鸡蛋炸蜗牛、蜗牛炒肉丝、五香冷盘蜗牛肉。

3. 法国龙虾

龙虾在法国是吉祥喜庆的象征，因此在特殊、隆重的庆祝场合，龙虾必定会出现在餐桌上，所以如果在法国人的餐桌上看见龙虾，一定意味着当天是个好日子，或是主人有好消息要向宾客们宣布。

在法国选择龙虾，一定会挑选野生龙虾，这种龙虾也是法国布列坦尼地区的一大特色。它的壳是蓝色的，生活在10米深的海底，渔民们用筐把龙虾钓起后，趁着鲜活迅速送到各大餐厅。在法国很多餐厅的菜单上都专门注明提供的海鲜是野生的还是人工饲养的。

4. 松露

和鹅肝、鱼子酱并称为世界三大美食的松露（Truffle），又名黑菌，有“黑钻石”的美名（图2-5），通常寄生在树木的根部，深藏在有泥土的地底，因此必须靠训练有素、嗅觉灵敏的狗才能发现它的踪影。

图2-5 松露

松露对于温度和湿度十分敏感，处理不当的话，只是短短三天就可以“瘦身”十分之一。为了保存松露，有人将松露放在密封的米桶里，或与鸡蛋共处一室，因为米与蛋充分吸收了松露的气味，同时又让松露的水分不会快速蒸发，造就松露的另一番风味。松露最好的品味季节是在12月到次年3月，波尔多酒和一般的红酒都可以搭配着喝。

5. 法国面包

法国面包是法国饮食中最具特色的食品，把饮食视为艺术的法国人，用面包这一传统食品把法国食物的讲究以及色、香、味体现得淋漓尽致。再配衬着就餐时精美的餐具、幽幽的烛光、典雅的环境、软绵文雅的法语，让您充分领略到法国人那种怡然的浪漫。而严格的制作工艺更是使法式面包在世界众多面包品种中脱颖而出、独领风骚。

法式面包中的法式长棍（图2-6）是最典型的品种，其形状独特、外脆内软、香脆可口，是法国人最常吃的面包。每年，法国都要消耗100亿根长棍面包。在法式面包中，三明治是一大特色。它并不是传统的切片面包加火腿、果酱，而是用全麦法棍做载体，涂上一层黄油，根据客人的不同需求放入法国干酪、各种肉酱、烟熏三文鱼片、火腿片、生菜、番茄等，形成了特有的法式三明治。

图2-6 法式长棍

Q3
俄国菜具体有哪些特色?

三、俄罗斯菜

俄罗斯，全称为俄罗斯联邦，是由22个自治共和国、46个州、9个边疆区、4个民族自治区、1个自治州、3个联邦直辖市组成的，位于亚欧大陆北部，跨亚洲、欧洲两大洲，国土面积1709.82万平方千米，是世界上面积最大的国家，人口1.46亿（2022年9月）。主体为俄罗斯人，约占全国总人口的77.7%。

（一）俄罗斯餐饮特点

俄罗斯由于气候原因，其菜肴的味道偏重，油水比较足，且喜欢酸、甜、咸和微辣口味。俄罗斯人的早餐一般比较简单，午餐和晚餐则比较讲究。各种菜肴都要烧得比较透，不吃带血水的肉类，但鸡蛋要吃嫩的。汤是午餐和晚餐不可缺少的。他们喜欢各种浓汤，如红菜头牛肉汤（图2-7）、猪肉汤、鸡汁汤等。冷盘小吃也甚为讲究，每餐中间吃冷盘的时间比较长，一般不会过早地撤盘。大多数俄罗斯人还喜欢吃中餐，喜食京、广、川、津菜，对北京烤鸭和水饺也很感兴趣。

图2-7　红菜头牛肉汤

1. 口味偏重

俄式菜肴受法国菜的影响较大，又融合了许多本民族特色，所以各种口味的菜式丰富多样，甜、酸、咸、辣皆有。常用的开胃菜有奶渣、奶皮、酸奶油、酸马奶、酸黄瓜等。酸黄瓜和酸白菜几乎是饭店或家庭餐桌上的必备食品。

俄罗斯人做菜很讲究调料。他们认为调料不仅能调味，还能增加菜的营养价值。他们常用的调料有葱、姜、蒜、胡椒和芥末，此外经常在菜中放月桂叶、丁香、茴香籽，以及用橄榄油、鸡蛋黄和香料搅拌成的沙拉油。

2. 菜肴油腻

俄罗斯大部分地区较为寒冷，人们不得不摄取较多的油脂来保持身体热量，所以有许多菜肴在制作完成后还要淋上少许黄油，特别是传统的汤菜类。随着社会的进步，人们的生活方式也发生了变化，现代的俄国菜逐渐变得清淡了。

3. 烹调方法简单

俄式菜肴的烹饪技术相对比较简单，一般以炒、炖、烤、熏为主，其中烤和熏是特色，尤其擅长肉类的烤制和烟熏。每逢重大节日，肉类菜肴必不可少。

4. 喜欢冷食

俄罗斯的各种冷菜世界闻名，如杂拌凉菜、什锦冷盘、禽冷盘、鱼冷盘、鸡蛋冷盘、鱼泥、肉泥、鱼冻、肉冻、鱼子酱、青菜酱、酸黄瓜汤、冷苹果汤。俄国人一次家庭宴会往往会上近10个冷菜，而且晚餐通常没有汤，冷菜之后就是主菜，可见俄国人对冷菜的重视程度。

俄式冷菜在烹调上，要比一般的热菜口味重一些，并富有刺激性，以便于促进食欲。调味上突出俄式菜的特点，油大，味道浓醇，酸、甜、辣、咸、烟熏各味俱全。俄罗斯人特别喜欢鲑鱼、鲱鱼、鲟鱼、鳟鱼、红鱼子、黑鱼子、烟熏过的咸鱼、鲳鱼等。

5. 讲究汤品

俄罗斯的汤类是除冷菜外的第一道菜，能起到润喉和促进食欲的作用。一般在汤后再吃其他菜。俄式汤可分为清汤、菜汤和红菜汤、米面汤、鱼汤、蘑菇汤、奶汤、冷汤、水果汤等。要求质量大体一致，原汤、原色、原味。

（二）俄罗斯的特色食物

俄罗斯饮食中总结一下可归纳为“五大领袖”（包括面包、牛奶、土豆、干酪和香肠）、“四大金刚”（包括圆白菜、葱头、胡萝卜和甜菜）、“三剑客”（包括黑面包、伏特加、鱼子酱）。

1. 面包

在俄罗斯，味道多样、外形花哨的甜面包仅仅是用来当作茶点的，只有微咸的面包才是当地餐餐不离、百吃不腻的主食。他们用自己出产的“硬小麦”和“强小麦”做出的面包非常筋道，干了也不掉渣。俄罗斯的黑面包外皮粗硬、口味酸咸，色如高粱面窝头，由于黑面包发酵用的酵母含有多种维生素和生物酶，所以黑面包既能饱腹又有营养，还易于消化，对肠胃极有益，尤其适于配鱼肉等荤菜。从3世纪的亚历山大·涅夫斯基大公到现在，俄军士兵的主要粮食一直是黑面包。

在中国，早先的上海人就把纺锤形的面包叫作“罗宋（俄罗斯）面包”（图2-8），在哈尔滨称其为“列巴”。至于牛奶，更是俄罗斯人的最爱，其消费量接近人均每天1升。

图2-8 罗宋面包

2. 伏特加

俄罗斯由于气候寒冷，为了御寒，产生了世界知名的烈性酒——伏特加（图2-9），酒精度在40度左右，与白兰地、威士忌一起被称为世界三大烈酒。

伏特加酒是俄罗斯民族性格的写照，伏特加的词义是“可爱的水”，可见俄罗斯人对它的情有独钟。俄罗斯人人均每天消费伏特加在100克左右。与威士忌在饭前加冰块、苏打水浅尝，白兰地在餐后细品慢啜相比，俄罗斯人喝伏特加时要豪放很多，哪怕是满满一大杯也“一口闷”。

伏特加在饮用时通常会经过冰镇，因为冰镇后的伏特加口味更佳，还可以配咸鲱鱼或黑鱼子酱。在俄罗斯。一些贪杯者不需要任何下酒菜，喝一杯酒、闻一下黑面包就能满足。

图2-9 伏特加

Q4
英国菜具体有哪些特色?

四、英国菜

英国，全称大不列颠及北爱尔兰联合王国，位于欧洲大陆西北面的不列颠群岛，被北海、英吉利海峡、凯尔特海、爱尔兰海和大西洋包围，所以英国是由大不列颠岛上的英格兰、威尔士和苏格兰以及爱尔兰岛东北部的北爱尔兰以及一系列附属岛屿共同组成的一个欧洲西部岛国，总人口超过6700万（2020年12月）。

（一）英国餐饮特点

谈到饮食，英国人给大家的总体感觉是简单、清淡、喜酥香、不食辣，但注重用餐的情调。

1. 口味清淡，原汁原味

简单而有效地使用优质原料，并尽可能保持其原有的质地和风味是英国菜的重要特色。英国菜的烹调对原料的取舍不多，一般用单一的原料制作，要求厨师不加配料，保持菜式的原汁原味。英国菜有“家庭美肴”之称，其烹饪法源于家常菜肴，因此原料是家生、家养、家制的，才体现英国菜的本色。

2. 烹调简单

英国菜的烹调相对来说比较简单，配菜也十分普通，另外香草与酒也使用得较少。常用的烹调方法有煮、烩 、烤、煎、蒸等。

3. 讲究甜食

英国菜的甜食非常讲究，餐后及下午茶都会食用一些甜食，特别是各种布丁和派，品种繁多。

英国人习惯一天四餐（表2-3），除早、中、晚三餐外，增加了下午4～6点的下午茶。通常将晚餐作为正餐，但周日的正餐安排在中午（表2-4）。传统的英国家常饭通常分三道上：头盘（通常是汤）、主食、甜品。按分量来说，主食的量最大，当人们的生活节奏加快、比较忙的时候往往就只上主食，而省去了头盘或甜品。

表2-3　英国一日餐饮

名称	特点	食物
早餐	传统早餐非常丰富，素有“丰盛的早餐”的美称。通常英国人习惯早晨起床前先喝一杯浓茶，俗称“被窝茶”	咸肉、烩水果、麦片粥、煎鸡蛋、果酱、面包、黄油、牛奶、咖啡
午餐	午餐比较简单，也可随时吃些薯片、巧克力之类的	一般一汤一菜
下午茶	在英国家庭、茶馆和大饭店中，每天下午4点左右都可以享用传统的下午茶	红茶、三明治、司康饼、各类甜品
晚餐	最丰富、最讲究的一餐，并对用餐时的服装、座次、用餐方式等都有很严格的规定	牛肉、羊肉、鱼、鸭、鸡、鸡蛋、野味、圆白菜、豌豆、西红柿、土豆、生菜

表2-4　英国正餐的饮食习惯

名称	特点	主要菜肴
头盘	惯例中头盘是汤，原料通常是蔬菜，有时也用些肉 烧汤的时间较长，通常会将蔬菜熬烂 为了加强汤的浓度，现在还将已经熬好的汤倒入榨汁机里粉碎，土豆是一种使汤变稠、变浓最理想的用料，在英国汤中常见	蘑菇汤、番茄汤、大蒜汤、土豆汤、鸡汤、苏格兰汤，还有浓咖喱汤
主食	会用到煮、烩、烤等多种烹调方法 一般很少用海鲜，多使用鱼、禽肉和畜肉	软炸鱼、炸土豆条、烤牛肉、烤羊肉或烤鸡肉
甜品	英国人非常爱吃甜食 一般会拌着许多奶油或蛋奶沙司一块吃 在英国吃一顿有三道菜的全餐通常意味着先吃咸的食品，最后再吃一道甜食	干酪、饼干、冰淇淋或其他冰冻甜食

（二）英国特色食物

1. 英国茶饮

除中国外，英国算得上是世界上最爱喝茶的民族了。在中国的茶叶到达英格兰之前，英国人除了喝啤酒和葡萄酒外，很少喝别的饮料，当中国的茶叶到来后，人们就逐渐喜爱上了这种新的饮料。现在在英国，人们对饮茶十分讲究，各阶层的人都喜欢饮茶，尤其是妇女嗜茶成癖，茶成了英国人的“第一饮料”。

英国人每天喝茶的次数很多，按喝茶时间可分为晨茶、上午茶、下午茶（图2-10）、晚茶和饭后茶。如按茶的喝法可分为加牛奶的调饮茶和清茶。早餐和下午茶更为讲究，早餐喝茶时会同时供应种类繁多的餐点，有果汁、水果、蛋类、肉类、麦粥类、面包、果酱及咖啡等，充分体现了英国人固有的情调。下午茶中较知名的有维多利亚式，会提供各式小点、松糕、水果塔及三明治等。英国茶饮从沏茶、喝茶到收茶具都有严格的规定，前后次序不能搞错，否则是对客人的不尊重。英国茶饮的茶具选择相当讲究，通常有陶瓷的、不锈钢的或白银制成的茶具。

图2-10　英国下午茶

2. 英国的派

传说派是从古代撒克逊人所吃的装有羊肉、类似香肠的食物“哈基斯”演变而来的，它是将肉与谷物类混合后，装在羊的胃袋里，然后将其煮熟，在当时也是人们保存食物的重要方法。随着农业的发展，小麦等谷类得到增产，人们改用由奶油和面粉揉制成的派皮来取代羊的胃袋。在中世纪时还出现了被称为“棺木”的派，即将肉装入呈箱形的派皮里，然后用火慢慢地烤，待烤熟后再灌入含有浓肉汤的果子冻。现在在英国有几种较著名的派（表2-5）。

表2-5 英国派的种类

种类	特点
康沃尔肉派 （Cornish Pasty）	在派皮里填入肉和蔬菜烘烤而成，口感酥脆、肉香浓郁，十分耐饥
牧羊人派 （Shepherd's Pie）	在炖过的羊肉馅及蔬菜上覆盖马铃薯泥后烘烤而成的派
农舍派 （Cottage Pie）	在炖过的牛肉馅及蔬菜上覆盖马铃薯泥后烘烤而成的派
牛肉腰子派 （Steak and Kidney Pie）	在烤得金黄的面皮中加入炖牛肉及腰子，而外包油酥派皮，是布丁的一种

3. 英国布丁

布丁是另一种英国的传统食品，是由古代用来掺有血的香肠的“布段”演变而来，在中世纪的修道院把“水果燕麦粥的混合物”称为“布丁”。如今布丁是以蛋、面粉与牛奶为材料制作而成的。

4. 英国三明治

三明治或夹肉面包是一种深受欢迎的方便食物，其发明者是一位伯爵，在8世纪，英国的第四代三明治伯爵是一个嗜赌如命的赌鬼，他在赌博时甚至顾不得去吃饭，往往让家人给他准备几片熟肉夹在两片面包中，边吃边赌。后来就以他的名字命名了这种夹肉面包——三明治（图2-11）。

图2-11 三明治

Q5
美国菜具体有哪些特色?

五、美国菜

美国，全称美利坚合众国，是由哥伦比亚特区、50个州组成。其主体部分位于北美洲中部，国土总面积是937万平方千米，人口约3.33亿（2019年1月）。

（一）美国餐饮特色

美国人在饮食上如同他们的脾气个性一样，比较随便，没有过多的讲究，但比较重视食品的营养，吃肉的人渐渐减少了，海味及蔬菜品种越来越受到他们的喜爱。但是美国人不习惯厨师在烹调中多用调料，而习惯在餐桌上备调料自行调味。而且他们还特别愿意品尝野味和海鲜菜肴，且格外偏爱蛙肉和火鸡。

1. 喜欢用水果做菜

美国盛产水果，所以用水果做菜比较普遍，水果用量较大，除了沙拉中放入水果，在热菜中也加入水果，所以美国菜在口味上具有咸中带甜的特点。

2. 注重营养

美国人在饮食上注重营养。针对不同的人群搭配不同的配餐，在饮食上流行低脂肪、低胆固醇的菜肴，甚至出现部分的“素食主义者”。

3. 开创了火鸡菜肴

火鸡是北美南部的野生动物，而美国人首先将它作为感恩节、圣诞节等重大节日的必备菜肴，进而影响了整个西方国家。

现代的美国人早餐讲究营养和效率，通常是冷牛奶、米面锅巴及水果等。午餐美国人常吃三明治、汤、沙拉，晚餐相对讲究，通常会包括冷开胃菜或沙拉、汤、主菜、甜点、面包和黄油及咖啡等。

（二）美国特色食物

美国是个高科技和工业发达的先进国家，为了节省时间而发展出了易处理及高营养的简易食品，如热狗、汉堡、炸鸡等。美国人喜食肉类食品，如各式牛排、猪排、鸡、羊等，是每日不可缺少的主食，也喜欢野餐及户外烤肉，更喜爱甜食如各式糕点、冰淇淋、乳酪蛋糕等。

1. 烤火腿

美国人一年中最重视的一餐，就是感恩节的晚宴。其中烤火鸡是必备的，因此，感恩节也被称为“火鸡节”。

火鸡，也称吐绶鸡、七面鸡等，本为野生，现已驯化为肉用家禽。全身披黑、白、深黄等色羽毛。烤火鸡在烘烤前必须塞满由调料、香草、火鸡肝、芹菜玉米面包碎片、白面包碎片等混合成的馅料，涂上黄油，入烤箱烤制，通常可配烤马铃薯泥、烤红薯泥、青豆和比司吉（一款糕点菜品）等。

2. 华尔道夫沙拉

华尔道夫沙拉极具美国特色，起源于1893年纽约第五大道上的华尔道夫酒店，并因此而得名。在此道沙拉中使用了苹果、鸡肉、芹菜及打发的奶油等原料，苹果的酸甜味中和了沙拉的油腻味，深受大众喜爱。

3. 苹果派

苹果派最早起源于欧洲东部，由于其制作简单方便，所需的原料价格便宜，又具有甜味，受到美国人追捧，甚至有时苹果派也被用来作主食。苹果派有着各式不同的形状、大小和口味，形状可以自由选择，口味包括焦糖苹果派、法国苹果派、面包屑苹果派、酸奶油苹果派等。

Q6

土耳其菜具体有哪些特色？

六、土耳其菜

土耳其共和国是一个横跨欧亚两洲的国家，北临黑海，南临地中海，东南与叙利亚、伊拉克接壤，西临爱琴海，并与希腊和保加利亚接壤，东部与格鲁吉亚、亚美尼亚、阿塞拜疆和伊朗接壤，国土面积78.36万平方千米，人口数8468万（2021年12月）。

（一）土耳其餐饮特色

土耳其是世界上最讲究吃的三个国家之一，也是清真菜系的代表，因此在世界饮食中有着举足轻重的地位。

土耳其人的主食以面包和各种饼为主，很少食用米饭，大部分菜以羊肉为主，在沿海一带会有较新鲜的鱼。土耳其人也爱喝茶，通常是用小杯来盛载，味道很浓，可以选择在茶中加入糖。

土耳其一般是一日三餐，也有一些地区有四餐。早餐一般为茶、干酪、橄榄、面包、鸡蛋及果酱，午餐主要有炖菜、汤和沙拉等，晚餐比较丰富，包括汤、主菜、沙拉及甜点等。如果是四餐，就包括"宵夜"了，会有一些开胃菜、水果和坚果类。

（二）土耳其特色食物

总的来说，土耳其的饮食文化极富民族特色，令人回味无穷，而且材料重视新鲜和健康。

1. 卡八

在土耳其，各种烤肉料理都叫做"卡八"，但最有名的叫"多纳卡八"（图2-12），即"回旋式"烤肉，其口味略次于巴西烤肉。巨大的肉柱上涂满各种香料，被烤得"嗞嗞"冒油、香味四溢，因此受到人们的欢迎，已在世界各地流行。

图2-12　多纳卡八

2. 梅泽

梅泽是前菜的意思，种类繁多，可以由鱼类、肉类及蔬菜等制作而成，最显著的特点是在菜肴上浇上了香浓地道的橄榄油或西红柿及茄子汁（图2-13）。

3. 派德

派德是食用梅泽、卡八时搭配的主食（图2-14），等同于面包，但派德具有较强的咬劲。

至于饮品方面，土耳其人喜欢喝葡萄酒和茶，平均每人每天至少要喝十杯茶，葡萄酒也是土耳其饮食文化的一种体现。

图2-13　梅泽

图2-14　派德

4. 茶

土耳其人不可一日无茶，一天饮用不少于十杯，可谓全民嗜茶，因此在土耳其能见到很多关于茶的事物。如具有十足土耳其风味的提茶盘、红茶杯，方便茶馆服务员提着四处送茶；街头随处可见流动的茶摊，专用于人们等公车或等人的间隙饮茶，也可以在路边小桌椅坐下等送茶。

5. 拉克

拉克又被称为狮子奶，寓意着喝了拉克后会产生狮子一般的勇气。拉克是利用榨出葡萄汁后的葡萄皮，经过发酵、蒸馏后得到的高酒精度饮品，看上去像伏特加一样透明，但在酒里加入水后会变混浊（图2-15）。其饮用方法也别具一格，可以在里面加水、加冰块饮用。

图2-15 拉克

知识拓展

法国香槟的渊源

法国的香槟酒（图2-16）源远流长、久负盛名，香槟区的酿酒历史可以追溯到公元1世纪。当时，香槟区的一个主教用他所知道的知识栽培葡萄并酿造成酒送给那时的法国国王。从公元9世纪起，法国国王开始在香槟区的兰斯接受加冕，而兰斯的神圣地位使香槟区的葡萄园酒农获利不少。因为继位的国王在隆重的盛典上喝了美味的葡萄酒后，便会给生产这些葡萄酒的酒农们许多捐款并相应减免他们的税收。从此，香槟区的葡萄酒开始了它的辉煌时期。

1 香槟酒的诞生

虽然香槟区的酿酒历史很悠久，但直到17世纪中叶，世界上才出现第一瓶香槟酒。1668年，香槟区有位叫佩里农的传教士，因为喝腻了酒味浓郁的葡萄酒，便突发奇想，要酿造一款甘甜清爽的酒。于是，他像做化学实验一样，将各种葡萄酒随意勾兑后用软木塞密封。第二年春天，当取出酒瓶时，他发现瓶内酒色清晰透明。他一摇酒瓶，只听到“呼”的一声，瓶塞不翼而飞。而就在酒喷出来的一刹那，芳香也四处弥漫开来。香槟，这个世界上最浪漫的东西诞生了。

图2-16 香槟

2 香槟区的自然环境

香槟区位于法国巴黎的东北部，是法国最北面的一个葡萄酒产区。香槟区所处的地理位置决定了它同时受大西洋温和气候和大陆性气候的影响，加上分布着广泛的独特土质，使得香槟区的葡萄湿度平稳、香味细腻、单宁含量较低而果酸和成熟度恰到好处。这种葡萄最适合酿制风格优雅、口感细致的香槟酒。

3 香槟区的三款葡萄品种

香槟区只种植三款葡萄，分别是：酿制红色香槟的黑品乐、莫尼耶品乐以及酿制白色香槟的霞多丽。

4 香槟酒的四个产区

香槟区是法国最早的葡萄酒法定产区，所以只有在这里生产酿制的酒才能叫香槟酒。除此之外，全世界任何地方出品的同类型酒只能称为起泡酒。在香槟区内，共有四个产区生产香槟酒，它们分别是兰斯山脉、马恩河谷、白岸和巴尔河岸。

5 香槟酒的四大家族

如果严格区分的话，香槟酒有四个品种，分别是：用红葡萄做的粉红酒底酿制而成的粉红香槟酒；用同一年份的葡萄酿制并标上年份的年份香槟酒；用霞多丽酿制的白葡萄香槟酒和用黑品乐或莫尼耶品乐酿制的红葡萄香槟酒。

6 香槟酒和美食

香槟酒不仅可以作为开胃酒开启我们充满诱惑和食欲的味蕾，更能与不同的菜肴以及甜品搭配而营造出一份独具匠心的美食口感。比如，粉红香槟酒可以配法国美食中的鹅肝、火腿或家禽，也可以配中国美食中的红烧肉。而白葡萄香槟酒则可以配法国美食中的羊羔肉，也可配中国美食中的清蒸鱼和白灼虾等。香槟酒无论是作为开胃酒饮用还是与菜肴搭配饮用，其最佳饮用温度应该是8～10℃。饮用前可在冰桶里放20分钟或在冰箱里平放3小时。

摘自《世界饮食文化》

项目任务

任务三

西餐菜单

一、西餐菜单的含义

菜单的出现要追溯到16世纪中叶，布伦斯维克侯爵经常在自己的府第举行晚宴，为了知道厨师在宴会中准备了哪些菜肴，侯爵便命人准备了一张单子，每送一道菜上桌时，侯爵都要先看一下桌上的单子，客人们觉得是一件非常有趣的事情。由此大家争相仿效，演变为在举行宴会时，预先制作了菜单，让客人观看。

菜单发展至今，成为西餐厅或咖啡厅为客人提供菜肴种类、菜肴解释及价格的说明书，它是顾客与餐厅沟通的载体，也是西餐厅或咖啡厅一名菜肴无声的推销员。通过西餐菜单，可以直接反映出西餐厅的经营模式、经营特色，同时也可以起到衬托餐厅氛围的作用。西餐单是顾客购买菜点的载体，是西餐厅销售菜点的载体，也是西餐厅经营管理的载体（图2-17）。

顾客购买菜点的载体

通过西餐菜单，顾客了解菜点的原料、口味、烹调方法等特点，根据自己喜好选择。

西餐厅销售菜点的载体

通过西餐菜单，西餐厅将菜点清晰地介绍给顾客，同时了解顾客对菜点的需求。

西餐厅经营管理的载体

西餐菜单能决定西餐原料的采购、成本控制、西餐厅及西餐厨房设计与布局。

图2-17　西餐菜单的载体作用

二、西餐菜单的种类

随着餐饮业的发展，西餐菜单的种类日趋多样，可根据不同的标准进行划分。根据西餐餐次可分为：早餐菜单、午餐菜单、下午茶菜单、晚餐菜单、夜宵菜单。根据西餐厅的经营服务方式大体可分为宴会菜单、套餐菜单、零点菜单、自助菜单。

1. 宴会菜单

宴会是一种高级的用餐形式，同时还是一项社交活动。随着时代的发展宴会的形式也有了多种形式，有正式宴会、自助餐会、鸡尾酒会等。正式西餐宴会菜单中的菜肴会依据宴请目的、规模档次、季节时令、宴请对象及地点的不同而别特制定。在西式宴会菜单上除了宴会地点、时间、菜肴名称之外，还会对宴会主题、宴请对象进行简单描述，有些菜单上甚至会有宴会主厨的名字，在某种意义上一些重要的宴会菜单是具有一定的历史价值的。宴会菜单设计的依据主要是根据宴请的对象、特点、标准来制定，同时也会根据宴请者的意见进行一定的修改。

2. 套餐菜单

套餐是根据顾客的需求，将各种不同营养成分、不同种类的原料，不同的烹制方法的菜肴进行合理搭配，组合成一套菜肴，并制定出每套菜肴的价格。套餐菜单的内容包含餐厅名称、套餐名称、套餐供应时间、套餐各道菜肴名称、套餐价格等。由于套餐菜单因每份的菜点饮品搭配都固定、价格固定，相对顾客选择余地小，但可以节省顾客点菜的时间，而且一般套餐价格会比零点菜点的价格更优惠。西餐套餐的菜单常见的有早餐套餐菜单、正餐套餐菜单等。

3. 零点菜单

所谓零点菜单又称点菜菜单，是西餐厅经营的最基本菜单，是指每道菜都单独标价的菜单。零点菜单的内容主要包含餐厅名称、营业时间和餐厅供应的各类菜肴相关信息，菜肴信息通常按菜肴类别，如：开胃菜、汤菜、海鲜、肉类、甜点等分类，每一类中将菜肴的名称、规格、价格、服务方式等罗列出来。零点菜单上的各类菜品的数量会较为丰富，以便顾客根据自己的喜好进行选择。在菜肴道数上也没有严格的规定，顾客可根据自己的需求进行点菜。零点菜单有早餐菜单、午餐菜单或晚餐菜单，酒店中为方便住宿客人会有客房服务菜单。

4. 自助餐菜单

自助餐是一种较受欢迎的用餐形式，其最大的特点是餐厅内所有的菜点、饮品都可供客人自由选取，随到随用，灵活自如，客人可以根据需求自行取餐。自助餐的菜品范围广，一般会有多个国家地域风格的菜式，自助餐常用的菜点类别根据冷盘类、鲜蔬水果类、热菜热汤类、甜点类、饮料类、主食类等分类进行摆放，方便顾客取用，通常冷盘类菜肴有冷火腿、肉类、乳制品、鸡、鱼等及各类凉菜，鲜蔬水果类有各色蔬菜、水果色拉及各类水果，热菜热汤类有各种炖、炸、炒的鱼、肉、家禽、蔬菜等菜肴，甜点类有各色蛋糕、面包和其他点心，饮料类包括各类酒水、饮料、冰淇淋等，主食类主要是各类面包、面食等淀粉类食物。

三、宴会菜肴结构

西餐宴会菜肴以欧美风格的菜式为主，配以洋酒为主要饮品。传统宴会餐桌以长方形、椭圆形较为常见。餐桌布置精美，除了摆放西餐用餐餐具，烛台和花卉是最常见的装饰。此外根据宴会主题需要会添加一些特别的饰品，如以松枝环、松枝或松果来迎合圣诞节的主题；以彩蛋、兔子造型饰品迎合复活节的主题。当然一份设计制作精美的宴会菜单也是宴会餐桌上必不可少饰品，对于每一位宾客而言也是一份美好的回忆。

西餐宴会整个过程分可为三个阶段。第一阶段是宴会开始前的鸡尾酒会，主要提供一些西式小吃、小点心、鸡尾酒、果汁饮料等为主。鸡尾酒会的作用是让陆续到达的宾客有一个自由聊天互动的机会，通常以自助的形式为主。第二阶段是宴会正餐开始阶段，此时所有宾客进入宴会厅入座，由主人致词并宣布宴会开始，服务人员根据菜单的顺序有序上菜并进行席间的服务。第三阶段是餐后酒会或者舞会。餐后酒会通常男女宾客会分开闲谈，男性宾客以时政、贸易等为话题，女性宾客多以时尚、娱乐等为话题，此时通常提供咖啡、红茶、力娇酒、巧克力等。

西餐正式宴会菜单组成又根据欧洲各国而略有不同，其中意大利、法国、俄罗斯、英国四个国家的宴会菜单的组成具有一定的代表性。

1. 意大利宴会菜单

传统的意大利宴会菜肴一般包含开胃酒、前菜、第一道菜、第二道菜、配菜、甜品、餐后酒或咖啡。意大利人不论是在餐厅还是在家中宴请，一顿饭通常需要吃上两个小时，甚至更长时间，这是因为意大利人非常重视这样的餐桌交流机会，并把正餐当作一种交际和联络感情的方法。用餐时，会一边品尝着葡萄酒，一边交谈着各方各面的话题。

（1）开胃酒（Aperitivo） 一般酒精度较低，意大利人常常喝的是起泡酒或是味美思。

（2）前菜（Antipasto） 前菜主要起打开味蕾，开胃的作用，但又不会使人产生饱腹感，它可以是一道番茄蒜末烤面包，或是一份蜜瓜火腿，也可以是一道混合拼盘，它包括了火腿、橄榄、菌菇、洋蓟等。

（3）第一道菜（Primo Piatto） 意大利宴会中主要菜式分为独立的两道菜。首先就是“第一道菜”，通常是意面、面团子、烩饭，若是冬季的话，也可以是一份汤。

（4）第二道菜（Secondo Piatto） 第二道菜就是肉菜，通常会采用牛肉、鸡肉、鸡蛋或鱼肉等原料，是宴会的主菜。此时根据主菜原料的不同选择不同的酒，鱼、虾等海鲜选择饮用白葡萄酒，如果肉类主菜，则选择红葡萄酒。

（5）配菜（Contorno） 通常是使用蔬菜为主要原料的沙拉，配菜的上菜时间可以和第二道菜一起上，也可以是在第二道菜之后再上。

（6）甜品（Dolce） 意大利宴会菜单中的甜品可以分为几道上。首先是干酪和水果，主要由硬干酪、半硬干酪、特殊干酪这三类干酪组成，水果可以选择配上各类鲜果、干果或坚果。最后就是各种蛋糕甜点，提拉米苏，意式奶冻，杏仁小饼，等等，都是意大利的超级美味的传统甜点。

（7）餐后酒（Digestif） 宴会结束前的最后一道便是餐后酒，是用餐后饮用的酒精饮料，用来帮助消化食物、清洁味蕾、帮助消化的作用，餐后酒通常直接饮用，不再配小吃等。带苦味的餐后酒通常含有中草药，可以肠胃通气，被认为助于消化。有些配制葡萄酒也可以作为餐后酒，如雪利酒、味美思、波特酒和马德拉酒。

2. 法国宴会菜单的组成

法国是西方现代餐饮礼仪的发源地，因此法国宴会在发展和演变过程中，尽管菜量在逐渐减少，菜品之精美还是令人非常赞叹的。在法国宴会的发展过程中，宴会的菜式逐渐不再讲究奢华和珍贵，而是更强调凸显法国的特色风味。在第一次世界大战之前，法国宴会会有13～14道菜，但是之后则减少到7～8道菜（图2-18）。如今法国宴会一般由前菜、主菜、应季蔬菜沙拉、甜点组成。

3. 俄式正式宴会菜单组成

传统俄式宴会的特点是大盘服务，源于俄国沙皇时期，拿破仑战争传入欧洲，整个宴会服务十分讲究礼节，风格优雅，能使每位宾客都得到周全的服务。菜肴在厨房烹制好后，盛放在一个大银盘中，服务员将菜肴送至餐桌，供宾客观赏后，根据宾客需求逐一进行分菜。如今在俄式宴

十三道菜组成的宴会菜单

- 第一道菜——开胃冷头盘：一般由各种蔬菜、水果、沙丁鱼、火腿、干酪、鹅肝酱等制作成沙拉。
- 第二道菜——汤：属于开胃菜品的一种，清汤、浓汤两类。
- 第三道菜——开胃热头盘：通常是食材分量较小的热菜。
- 第四道菜——鱼类：包括鱼类、虾类、贝类等其他水产原料烹饪制作的菜肴。
- 第五道菜——主菜：通常以畜肉为主要原料，又被称为大块菜，使用整块或整只烹调制作而成的菜肴，并在宴会中在宾客面前进行切割分食的一道菜品。
- 第六道菜——热盘：是将食材切割成小块后再进行烹煮，也被称为热中间菜。
- 第七道菜——冷盘：与热盘近似，又被称为冷中间菜，常见的有蔬菜东、冷肉冻等菜品。
- 第八道菜——雪芭：类似雪糕，是将新鲜水果冷藏至结冰后磨成沙冰，其中不含牛奶和奶油的成分。
- 第九道菜——烧烤配沙拉：一般是以大块的家禽肉或野味为主要原料，搭配上新鲜蔬菜。
- 第十道菜——蔬菜：以各类蔬菜为主的沙拉为主，也可以是炖煮过的蔬菜。
- 第十一道菜——甜点：包括冷、热两大类，如冰淇淋等。
- 第十二道菜——咸点：以蔬菜、肉类制作而成的咸派。
- 第十三道菜——咖啡：通常主人会事先安排好在用餐处或另一个房间饮用咖啡。

八道菜组成的宴会菜单

- 第一道菜——开胃菜：通常是一份较小的冷菜，如熏鲑鱼、生蚝等。
- 第二道菜——汤：主要有浓肉汤，蔬菜汤或海鲜汤。
- 第三道菜——鱼：包括海鲜类，如鱼、虾、蟹、贝壳类等烹调而成的菜品。
- 第四道菜——冻品：主要是为了清洁口腔内上一道鱼类海鲜的腥味。菜品通常会突出葡萄酒的香味，在口腔中留下甘甜的回味。
- 第五道菜——主菜：以禽畜肉类为主要原料烹制的菜肴，淋上调味酱汁，加上配菜。
- 第六道菜——烧烤：同样以肉类或野味为主，通过烤的烹饪而成的菜肴。
- 第七道菜——沙拉：使用新鲜蔬菜，拌入各类调味酱汁的蔬菜沙拉。有时也会加入少许鸡蛋、鸡肉或其他一些肉类制品。
- 第八道菜——甜点与咖啡：宴会最后以甜点与咖啡来收尾。一般是西式各类糕点或冰淇淋，同时呈上一杯咖啡或红茶。

图2-18 法国宴会变化对比图

会中的菜肴通常分为五道菜点。

（1）第一道菜——头盘　俄式宴会的头盘的口味一般以咸、酸为主，达到开胃的目的，也有冷热之分。

（2）第二道菜——汤　俄式宴会中汤大致可分为清汤、奶油汤、蔬菜汤和冷汤等4大类。

（3）第三道菜——主菜　俄式的主菜常采用肉饼、牛排、烤鸡等一些高脂肪的肉类原料来烹制。主菜中的配菜常选用酸黄瓜、番茄或鲜柠檬，起到清口解腻的效果。

（4）第四道菜——蔬菜　俄式宴会中烹饪蔬菜的方法并不多，圆白菜、芦笋、炸土豆、酸黄瓜等拌制而成的蔬菜沙拉最为常见。

（5）第五道菜——甜品　俄式宴会中甜品包含的内容比较广，有布丁、煎饼、干酪、冰淇淋、水果等。多数甜品的奶油味和甜味都是较为浓郁的，配以咖啡或红茶作为饮品。

4. 英国宴会菜单组成

英国传统宴会也是由许多菜肴组成的，在亨利八世时期的英国国宴是严格按宾客的等级制度来分的，每次宴会国王的餐桌上都会有20多道菜。随着时代变迁，英国宴会菜单的菜品逐渐简单精致，一般由4道菜组成，分别是前菜、肉类菜肴、甜点、水果，力求在食材运用上展现出宴会菜肴的高品质。

（1）第一道——前菜　以鱼类海鲜类原料为主，配上各类绿色蔬菜和酱汁。

（2）第二道——肉类菜肴　以畜肉类原料为主，通常会选用羊肉、羊羔肉或鹿肉，选用土豆、芦笋、胡萝卜、洋蓟、菜花或豆类烹煮成熟蔬菜，与鲜蔬一同作为肉类菜的配菜。

（3）第三道——甜点　以英式的糕点甜品为主，通常以一到二款甜品组合，配上甜点酱汁。

（4）第四道——水果　最后向宾客奉上水果及巧克力糖。

四、套餐菜肴的结构

1. 早餐套餐

早餐套餐常可以分为欧陆式、英式和美式三种。

（1）欧陆式早餐　欧陆式早餐套餐的特点是品种比较简单，主要供应面包、鸡蛋（煎蛋、炒蛋）、肉制品（培根、香肠、火腿）、搭配黄油、果酱，饮料则以咖啡、红茶、牛奶为主。常见的欧式早餐套餐搭配如下：一款面包、一款鸡蛋、一款肉制品、一款饮料。

（2）英式早餐　英式早餐被誉为最有仪式感的西式早餐，全套英式早餐要有培根、香肠、鸡蛋、吐司、炒蘑菇、茄汁焗豆、薯类（炸薯块或薯饼）、煎番茄，以上这八种食物缺一不可，有时还会加入一些蔬菜、松饼和坚果等。英式早餐对于鸡蛋、香肠、培根可以使用不同的烹调方法。鸡蛋可做成水煮蛋、水波蛋、英式炒鸡蛋、煎蛋四种方法，而煎蛋又可分为一面煎、两面煎、全熟三个标准。香肠的烹饪方法有两种，一种是有锅油煎；另一种是用烤箱烤。培根根据口味分为熏制和未熏制两类，熏制的培根口味较未熏制的要咸一些，而培根在煎制中也可根据个人的喜好加工成不同成熟程度。

（3）美式早餐　美国是一个移民国家，因此美式早餐汇集了英国及欧洲各国早餐的内容，品种比较丰富。食物包括各类谷物粥（玉米片 、燕麦片等）、肉制品（培根、香肠、火腿）、鸡蛋（煎蛋、炒蛋）、煎土豆饼、软饼、华夫饼、甜面包圈、吐司面包、丹麦面包、英国松糕、黄油、果酱、咖啡、红茶、牛奶、果汁等。

2. 正餐套餐

随着现代人们生活和工作节奏的加快，相对于菜品繁多且耗时较长的传统西餐宴会，西式套餐以菜品精致、用餐时间较短、良好的用餐环境等优势满足大众的西餐消费需求。餐厅对于宴会菜单再次进行精简，将正餐套餐中菜品降至5～6道。而针对午餐时间，宾客用餐时间上的特殊需要推出了3～5道菜品的午餐套餐，通常五道菜组成的正餐套餐依次有头盘、汤、鱼类海鲜、主菜肉类、甜点咖啡，而三道菜组成的午餐套餐更加简单，依次是以鱼类、海鲜或肉制品，搭配坚果、蔬菜、干酪制作开胃菜作为前菜，以禽畜肉为主要食材，搭配烹调蔬菜，或是配有海鲜肉类的意面的主菜。最后是甜品，各类西式甜点，包括蛋糕、布丁、甜派、塔点等。

知识拓展

常见西餐中英文菜单

冷餐buffet			
沙拉salad		肉meat	
火腿沙拉	ham salad	冷杂拌肉	cold mixed meat
鸡沙拉	chicken salad	冷什锦肉	cold mixed meat
鸡丝沙拉	shredded chicken salad	冷肉拼香肠	cold meat and sausage
鸡蛋沙拉	egg salad	冷火腿蔬菜	cold ham with vegetables
鱼片沙拉	fish salad	什锦肉冻	mixed meat jelly
虾仁沙拉	shrimp salad	肝泥	mashed liver ; live paste
大虾沙拉	prawn salad	牛肝泥	mashed ox liver ; ox liver paste
蟹肉沙拉	crab salad	牛脑泥	mashed ox brain ; ox brain paste
蔬菜沙拉	vegetable salad	冷烤牛肉	cold roast beef
黄瓜沙拉	cucumber salad	冷烤里脊	cold roast fillet
奶油黄瓜沙拉	cucumber salad with cream	冷烤羔羊腿	cold roast lamb leg
番茄黄瓜沙拉	cucumber salad with tomato	冷烤猪肉	cold roast pork
甜菜沙拉	beetroot salad	冷烩茶肠	cold stewed sausage
沙拉油	salad dressing	冷茶肠	cold sausage
沙拉酱	mayonnaise	干酪	cheese

续表

冷餐buffet			
鱼fish		家禽poultry	
红烩鱼片	stewed fish slices with brown sauce	鸡肉冻	chicken jelly；chicken in aspic
茄汁烩鱼片	stewed fish slices with tomato sauce	水晶鸡	chicken in aspic
鸡蛋鲱鱼泥子	minced herring with eggs	鸡肉泥	minced chicken meat；chicken paste
鸡蛋托鲱鱼	herring on eggs	鸡肝泥	minced chicken liver；chicken liver paste
熏鲜鱼	smoked herring	鸭肝泥	minced duck liver；duck liver paste
熏鲤鱼	smoked carp	酿馅鸡蛋	stuffed eggs
沙丁油鱼	sardines	干酪酿馅鸡蛋	stuffed eggs with cheese
鱼肉冻	fish jelly	酿馅鸡	stuffed chicken
酿馅鱼	stuffed fish	冷烤油鸡蔬菜	cold roast chicken with vegetables
红鱼子酱	red caviar	冷烤火鸡	cold roast turkey
黑鱼子酱	black caviar	冷烤山鸡	cold roast pheasant
大虾泥	minced prawns	冷烤鸭	cold roast duck
蟹肉泥	minced crab meat	冷烤鹅	cold roast goose

热小菜appetizers	
奶油烩香肠	stewed sausage with cream
红烩灌肠	stewed sausage with brown sauce
红酒汁烩腰花	stewed kidney with red wine；kidney with red wine
奶油烩腰花	stewed kidney with cream；kidney with cream
芥末煎火腿豌豆	fried ham and peas with mustard
奶油煎火腿豌豆	fried ham and peas with cream
奶油汁煎牛肝	fried liver with cream sauce；liver with cream sauce
鸡蛋汁煎鲜鱼	fried herring with egg sauce
干酪蘑菇烤鱼	fish au gratin
干酪蘑菇烤蟹肉	crab meat au gratin
奶油干酪蘑菇烤蟹肉	crab meat au gratin with cream
清煎鸡蛋	fried eggs
火腿煎蛋	fried eggs with ham；ham and eggs
火腿蛋	fried eggs with ham；ham and eggs
咸肉煎蛋	fried eggs with bacon；bacon and eggs
香肠煎蛋	fried eggs with sausage；sausage and eggs
清炒鸡蛋	omelette / omelet

续表

热小菜appetizers	
香肠炒蛋	sausage omelette / omelet
火腿炒蛋	ham omelette / omelet
番茄炒蛋	tomato omelette / omelet
菜花炒蛋	cauliflower omelette / omelet
豌豆炒蛋	green peas omelette / omelet ; omelette / omelet with green peas
鲜蘑炒蛋	mushroom omelette / omelet ; omelette / omelet with mushrooms

汤soup	
清汤	light soup ; clear soup ; consomme
浓汤	thick soup ; potage
肉汤	broth
奶油火腿汤	creamed ham soup ; ham soup with cream
奶油鸡蓉汤	creamed mashed chicken soup ; mashed chicken soup with cream
奶油蟹肉汤	creamed crab meat soup ; crab meat soup with cream
奶油大虾汤	creamed prawn soup ; prawn soup with cream
奶油鲍鱼汤	creamed abalone soup ; abalone soup with cream
奶油龙须菜汤	creamed asparagus soup ; asparagus soup with cream
奶油芦笋汤	creamed asparagus soup ; asparagus soup with cream
奶油菜花汤	creamed cauliflower soup ; cauliflower soup with cream
奶油蘑菇汤	creamed mushroom soup ; mushroom soup with cream
奶油蘑菇菜花汤	creamed mushroom soup with cauliflower
奶油番茄汤	creamed tomato soup ; tomato soup with cream
奶油菠菜汤	creamed spinach soup ; spinach soup with cream
奶油豌豆汤	creamed peas soup ; peas soup with cream
奶油豌豆泥汤	creamed mashed peas soup ; mashed peas soup with cream
肉杂拌汤	mixed meat soup
牛尾汤	ox-tail soup
牛肉丸子汤	beef balls soup
牛肉蔬菜汤	beef soup with vegetables
牛肉茶	beef tea
冷牛肉茶	cold beef tea
鸡汤	chicken soup
口蘑鸡汤	chicken soup with mushrooms
番茄鸡汤	chicken soup with tomato
鸡腿蔬菜汤	chicken leg soup with vegetables

续表

汤soup	
咖喱鸡丁汤	curry chicken cubes soup
鸡块汤	chicken chips soup
鸡块面条汤	noodles soup with chicken chips
高加索鸡块汤	chicken soup a la Caucasus
鸡球蔬菜汤	chicken meatballs soup with vegetables
鸡杂汤	chicken giblets soup
鱼汤	fish soup
家常鱼汤	fish soup in home style
红鱼汤	fish soup with tomato
红菜汤	borsch
蔬菜汤	vegetables soup；soup with vegetables
丸子蔬菜汤	meat balls soup with vegetables
酸菜汤	sour cabbage soup
葱头汤	onion soup
洋葱汤	onion soup
番茄汤	tomato soup
白豆汤	white beam soup
豌豆汤	pea soup
豌豆泥汤	mashed pea soup
清汤肉饼	consomme with meat pie
面球汤	dumplings soup
通心粉汤	soup with macaroni

鱼虾fish and prawn			
炸鳜鱼	fried mandarin fish	白汁蒸鱼	steamed fish with white
土豆炸鳜鱼	fried mandarin fish with potatoes	白酒汁蒸鱼	steamed fish with white wine
番茄汁炸鱼	fried fish with tomato sauce	番茄汁蒸鱼	steamed fish tomato sauce
奶油汁炸鱼	fried fish with cream sauce	柠檬汁蒸鱼	steamed fish with lemon sauce
鞑靼汁炸鱼	fried fish with Tartar sauce	鸡蛋汁蒸鱼	steamed fish with egg sauce
火腿汁煎鱼	fried fish with ham sauce	蘑菇汁蒸鱼	steamed fish with mushroom sauce
俄式煎鱼	fish a la Russia	红汁蘑菇蒸鱼	steamed fish with mushrooms and brown sauce
罐焖鱼	fish a la Duchesse	番茄汁蘑菇蒸鱼	steamed fish with mushrooms and tomato sauce
罐焖鳜鱼	mandarin fish a la Duchesse	波兰式蒸鱼	steamed fish a la Poland
炭烧鱼串	fish shashlik	土豆煮鱼	boiled fish with potatoes

续表

鱼虾fish and prawn			
炭烧鱼段	fish chips shashlik	黄油汁土豆煮鱼	boiled fish and potato with butter sauce
铁扒鳜鱼	grilled mandarin fish	炸大虾	fried prawns
铁扒比目鱼	grilled turbot	黄油汁煎大虾	fried prawns with butter sauce
奶油汁烤鱼	baked fish with cream sauce	罐焖大虾	prawns a la Duchesse
鱼排	fish steak	火腿奶酪炸大虾	fried prawns with ham and cheese
奶油蘑菇烤鳜鱼	mandarin fish au gratin	铁扒大虾	grilled prawns
大虾蛋奶酥	prawn souffle	黄油汁煎大虾	fried prawns with butter sauce

素菜vegetable dish			
奶酪蘑菇烤蔬菜	vegetables au gratin	炸茄子片	fried eggplant slices
黄油菜花	cauliflower with butter	炸番茄	fried tomato
黄油杂拌蔬菜	mixed vegetables with butter	清煎土豆饼	fried potato cake
奶油汁烤蘑菇	baked mushrooms with cream sauce	酿馅西葫芦	stuffed bottle gourd
黄油炒蘑菇	fried mushrooms with butter	焖圆白菜卷	braised cabbage rolls
黄油炒菠菜	fried spinach with butter	家常焖圆白菜卷	braised cabbage rolls
黄油炒豌豆	fried peas with butter	烩茄子	stewed eggplants
黄油炒青豆	fried green peas with butter	奶油汁烩豌豆	stewed peas with cream sauce
炒茄泥	fried mashed eggplants	咖喱素菜	curry vegetables

鸡chicken			
烤鸡	roast chicken	奶汁煮鸡	boiled chicken with cream sauce
煎鸡	fried chicken	铁扒笋鸡	grilled spring chicken
炸笋鸡	fried spring chicken	焖鸡	braised chicken
炸鸡	deep - fried chicken	家常焖鸡	braised chicken in home style
炸鸡肉串	fried chicken shashlik	黄油焖鸡	braised chicken with butter
鸡肝串	chicken liver shashlik	黄油焖笋鸡	braised spring chicken with butter
通心粉煮鸡	boiled chicken with macaroni	黄油焖鸡腿	braised chicken legs with butter

肉meat			
红焖里脊	braised fillet	罐焖里脊	fillet a la Duchesse
铁扒里脊	grilled fillet	里脊串	fillet shashlik
炸里脊片	fried fillet slices	里脊扒	fillet steak
洋葱软炸里脊片	soft fried fillet slices with onion	鸡蛋里脊扒	fillet steak with egg
红酒里脊	fillet with red wine	蘑菇汁里脊扒	fillet steak with mushroom sauce

续表

肉meat			
奶油蘑菇里脊丝	fillet a la Stroganoff	面条烩牛肉	stewed beef with noodles
咖喱里脊丝	curry shredded fillet	焖牛肉	braised beef
总会牛排	club steak	家常焖牛肉	braised beef in home style
牛肉扒	beef steak	犹太式焖牛肉	braised beef in Jewish style
牛肉扒托蛋	beef steak with egg	洋葱焖牛肉	braised beef with onions
鸡蛋牛肉扒	beef steak with egg	通心粉红焖牛肉	braised beef with macaroni
葱头牛肉扒	beef steak with onion	细面条红焖牛肉	braised beef with spaghetti
蔬菜牛肉扒	beef steak with vegetables	咖喱牛肉米饭	braised beef rolls with rice
汉堡牛排	hamburg steak；hamburger	焖小牛胸口	braised veal breast
德式牛肉扒	hamburg steak；hamburger	酿馅小牛胸口	stuffed veal breast
德式鸡蛋牛肉扒	hamburg steak with egg	土豆泥软煎小牛胸口	soft fried veal breast with mashed potatoes
德式牛肉扒蛋	hamburg steak with egg	炸小牛肉片	fried veal slices
法式牛肉扒	French steak	土豆泥煎小牛排	fried veal chop with mashed otato
罗马尼亚式牛肉扒	Rum steak	煎小牛肝	fried veal liver
奶油蘑菇牛肉丝	beef a la Stroganoff	小牛肉串	veal shashlik
番茄汁奶油蘑菇牛肉丝	beef a la Stroganoff with tomato sauce	炸牛腰子	fried ox kidney
什锦汁牛肉丸子	beef balls with mixed sauce	炸牛脑	fried ox brain
牛肉丸子米饭	beef balls with rice	蔬菜炸牛脑	fried ox brain with vegetables
咖喱牛肉	curry beef	炸牛舌	fried ox tongue
咖喱牛肉米饭	curry beef with rice	焖牛舌	braised ox tongue
蔬菜烤牛肉	roast beef with vegetables	家常焖牛舌	braised ox tongue in home style
铁扒牛肉片	grilled beef slices	罐焖牛舌	ox tongue a la Duchesse
土豆烧牛肉	goulash	酸菜烤猪肉	roast pork with sour cabbage
黄油焖羊肉	braised mutton with butter	酸菜烤猪排	roast pork chop with sour cabbage
奶油烩羊肉片米饭	stewed mutton slices in cream with rice	白豆焖猪排	braised pork chop with white beans
蔬菜炸羊排	fried mutton chop with vegetables	黄油焖猪里脊	braised pork fillet with butter
炸羔羊腿	fried lamb leg	奶油烩猪肉片	stewed pork slices with cream
烤羔羊腿	roast lamb leg	火锅猪肉片	pork podjarka
黄油焖羔羊腰子	braised lamb kidney with butter	火锅猪排	pork chop podjarka
羊肉串	mutton shashlik	法式猪排	pork chop a la France

续表

肉meat			
羔羊肉串	lamb shashlik	猪里脊串	pork fillet shashlik
清煎猪排	natural fried pork chop	罐焖猪肉	pork ala Duchesse
炸猪排	fried pork chop	奶油烩杂拌肉	stewed mixed meat with cream
什锦汁煎猪肉	fried pork with mixed sauce	奶油烩香肠	stewed sausage with cream
洋葱汁煎猪肉	fried pork slices with onion sauce	烩丸子	stewed meat balls
干葱头煎猪肝	fried pork liver with dry onion	肉丸子米饭	meat balls with rice
烤猪肉	roast pork	干酪口蘑烤杂拌肉	mixed meat au gratin

通心粉macaroni			
通心粉	macaroni	奶格烤通心粉	baked macaroni with cheese
肉丝炒通心粉	fried macaroni with shredded meat	肉丝番茄烤通心粉	baked macaroni with shredded meat and tomato
番茄汁炒通心粉	fried macaroni with tomato sauce	细通心粉	spaghetti
黄油炒通心粉	fried macaroni with butter	意式面条	spaghetti
鸡肉火腿炒通心粉	fried macaroni with chicken and ham	鸡肉火腿炒面	fried spaghetti with chicken and ham
肉汁炒通心粉	fried macaroni with meat sauce	鸡丝番茄炒面	fried spaghetti with shredded chicken and tomato
大虾鸡蛋炒通心粉	fried macaroni with prawns and eggs	大虾肉炒面	fried spaghetti with prawn and meat
奶酪蘑菇烤通心粉	macaroni au gratin	大虾番茄炒面	fried noodles with prawn and tomato

面包bread			
面包干	rusk	水泡的面包	soggy bread
磨牙面包干	teething rusk	佐餐面包	loaf
面包屑	bread crumbs；crumbs	面包片	sliced bread；slice of bread
面包渣	bread crumbs；crumbs	一片面包	a slice of bread
新烤的面包	freshly baked bread	烤面包片	toast
陈面包	stale bread	干酪烤面包片	cheese toast
未烤透的面包	soggy bread	无黄油烤面包片	dry toast

续表

三明治sandwich			
火腿三明治	ham sandwich	总会三明治	club sandwich
香肠三明治	sausage sandwich	干酪三明治	cheese sandwich
鸡肉三明治	chicken sandwich	炒蛋三明治	omelette / omelet sandwich

馅饼pie			
小馅饼	patty	水果馅饼	fruit pie ; fruit flan
肉馅饼	meat pie ; patty	果馅饼	tart : flan
牛肉馅饼	hamburger patty	巧克力派	chocolate pie
汉堡包	hamburger	柠檬派	lemon pie
薄荷糕	pepper mint patty	香蕉派	banana pie
苹果派	apple pie	奶昔派	milk curd pie
苹果馅饼	apple tart	法式甜馅饼	French pastry

布丁pudding			
葡萄干布丁	raisin pudding	水果面包布丁	fruit and bread pudding
牛奶布丁	milk pudding	大米布丁	rice pudding
黄油布丁	butter pudding	奶蛋饼布丁	custard pudding
面包布丁	bread pudding	煎白兰地布丁	fried brandy pudding

餐后甜点dessert			
炸果饼	fritter	可可松饼	cocoa puff
炸苹果饼	apple fritter	奶油松饼	cream puff
蛋奶酥	souffle	奶蛋饼	custard
苹果蛋奶酥	apple souffle	烩蜜桃	stewed peach
干酪蛋奶酥	cheese souffle	烩杏	stewed apricot
水果冻	fruit jelly	烩蜜枣	stewed dates
果冻	fruit jelly	鲜水果沙拉	fresh fruit salad
菠萝冻	pineapple jelly	蜜桃沙拉	peach salad
巧克力冻	chocolate jelly	菠萝沙拉	pineapple salad
松糕	trifle	橘子沙拉	orange salad
松饼	puff pastry		

想一想
练一练

西餐这个词是由其特定的地理位置所决定的。“西”是西方的意思，一般指欧洲各国。“餐”就是饮食菜肴。那么欧洲各国整体餐饮特点是怎样的？

一、项目总结

欧洲作为资本主义经济发展最早、最成熟的一个洲，其工业相当发达，绝大多数国家的生活水平都比较高。再加上自然条件、历史传统、社会制度和宗教信仰的不同，欧洲的餐饮除了保持其本身的“实效性”外，更是形成了奇趣各异、色彩斑斓的饮食文化风格，充分体现了欧洲人浪漫、多情的性格特征。而且，随着时间的推移和餐饮文化的变迁，欧洲餐饮仍在不断丰富着自身的形式与内涵，集大成的英国餐饮、韵味十足的法国餐饮等越来越将欧洲餐饮诠释得淋漓尽致。可以说，欧洲美食正在诱惑着全球消费者，本项目重点介绍了西餐发展史和各国的风味流派，使读者在学习西餐文化的同时，领略西餐饮食的独特魅力。

二、项目练习

（一）判断题

（　）1. 意大利的厨师充分展现出自己的才华，更制作出通心粉和比萨这两种面食。

（　）2. 在16世纪末之前，意大利菜都是十分兴盛的。

（　）3. 17世纪时，法国菜有了飞速的发展。

（　）4. 在近代西餐发展中法国菜取得了举世瞩目的成绩。

（　）5. 英国菜在其形成与发展过程中长期受到意大利菜的极大影响。

（　）6. 西方中上层社会的餐饮讲究简朴、实惠，初步形成了简约的烹饪风格。

（　）7. 意大利烹调艺术被誉为“西餐烹调艺术之母”。

（　）8. 干酪是比萨的灵魂。

（　）9. 比萨按大小一般分为两种尺寸，按厚度分为厚薄两种。

（　）10. 在饮食方面，俄罗斯菜肴的味道比较重、油水比较足，且喜欢酸、甜、咸和微辣口味。

（　）11. 英国人用餐给人的总体感觉是简单、清淡、喜酥香、不食辣，但注重用餐的情调。

（　）12. 法国人对不同食物成熟度要求很高，法国比较喜欢生食。

（　）13. 美国菜在口味上具有咸中带甜的特点。

（　）14. 美国人喜食肉类食品，如各式牛排、猪排、鸡、羊等，肉类是每日不可缺少的主食。

（　）15. 土耳其一般是一日三餐，也有一些地区一日两餐。

（二）选择题

1. 古罗马在餐饮格局、烹饪方法等方面较多地延续了（　）风格。

A. 古印度　B. 古希腊　C. 古埃及　D. 英国

2. 由于厨师的不懈努力，（　）成为古代西方餐饮的领导者。

A. 意大利　B. 俄国　C. 美国　D. 英国

3. 西方上层社会的烹饪，以（　）菜极其精美的风格为主。

A. 美国　B. 英国　C. 法国　D. 俄国

4. 欧洲很多受欢迎的佳肴，是（　）烹制的。

A. 美国人　B. 土耳其人　C. 法国人　D. 俄国人

5. 法国最著名的美食极品是（　）。

A. 烤火鸡　B. 比萨　C. 鹅肝酱　D. 苹果派

6. 美国人在饮食上如同他们的脾气个性一样，比较随便，吃肉的人渐渐（　）了。

A. 增多　B. 不变　C. 增加　D. 减少

7. 20世纪60年代至70年代，由于现代工业的快速发展，（　）也就孕育而生。

A. 宴会　B. 快餐　C. 比萨　D. 热狗

8. 比萨是由特殊的饼底、（　）、酱汁和馅料做成的。

A. 罗勒　B. 番茄　C. 干酪　D. 百里香

9. 英国（　）喝茶时会同时供应种类繁多的餐点。

A. 午餐　B. 晚餐　C. 夜宵　D. 早餐

10. （　）最早起源于欧洲东部，由于其制作简单方便，又具有甜味，受到美国人追捧，甚至被用来作主食。

A. 苹果派　B. 比萨　C. 布丁　D. 罗宋面包

项目三

西餐厨房工作规范与礼仪

学习目标

❶ 了解西餐厨房组织结构。

❷ 了解酒店西餐厨房类别分工。

❸ 掌握西餐厨房员工的职业素养，能够快速适应西餐厨房工作。

❹ 通过培养学生基本的职业素养，形成对西餐职业的认同感和归属感。

项目描述

餐厅厨房是整个酒店为顾客提供各种食物的生产地。现代餐厅厨房工作的厨师，不仅承担食物加工生产的工作，也会负责一部分为顾客服务的工作，其工作质量好坏直接影响着餐厅的运营，因此每个餐饮企业都有一整套厨师相关规范等制度，虽然企业有各自的特点，但归类总结，还是有许多的共同点。

项目任务

任务一
西餐厨房人员构成

西餐厨房的日常生产任务都是通过一定的组织形式来实现的。厨房需设置科学、完善的机构，能清楚地反映每个工种及岗位人员的职责，并且能直接反映每个厨师应该对谁负责，向谁汇报工作，科学的管理能够使西餐厨房的工作运行通畅。

Q1
现代西餐厨房由哪些部门组成?

一、西餐厨房类别

厨房泛指从事菜点制作的生产场所。现代酒店根据厨房生产功能，即厨房主要从事的工作或承担的任务来划分，大致分为咖啡厅厨房、扒房、中餐厅厨房、宴会厅厨房、饼房、烧烤间、初加工间（图3-1），各个厨房都具有自己的工作特点（表3-1），每个酒店根据其自身规模大小，合理安排厨房结构。

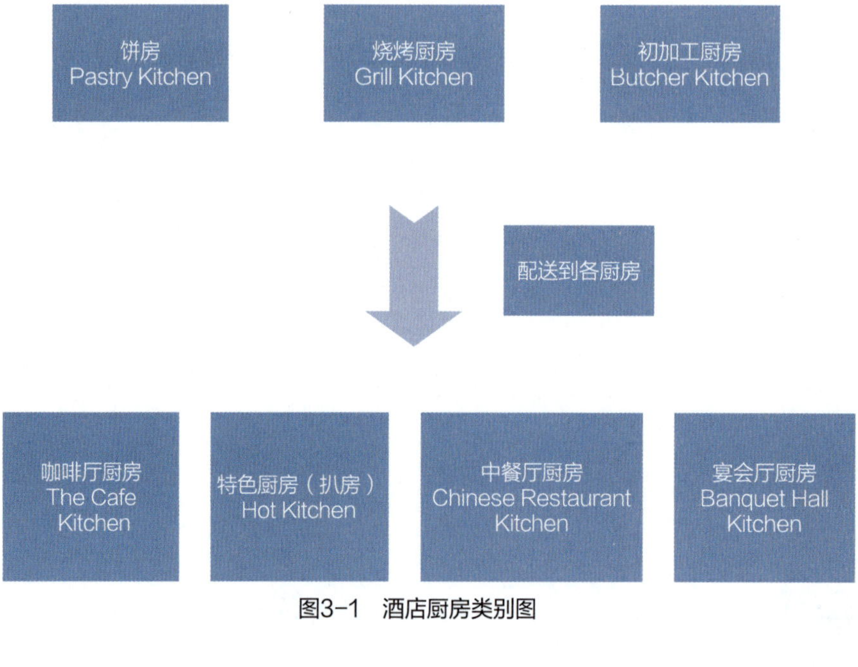

图3-1　酒店厨房类别图

表3-1 厨房功能表

厨房名称	性质	特点
咖啡厅厨房 （The Cafe Kitchen）	负责生产制作咖啡厅供应菜点的场所，咖啡厅实质是西餐快餐或简餐餐厅	咖啡厅经营的品种多为普通菜点，甚至包括小吃和饮品 咖啡厅厨房设备配备相对齐全，生产出品快捷 咖啡厅厨房是每天经营时间最长的餐厅 有的咖啡厅厨房还兼备客房服务用餐制作的职责
特色厨房 （Hot Kitchen）	俗称扒房，是酒店中的高级西餐厅，零点的西餐厅，是给客人自行选择、点食的餐厅	菜点品种较多，厨房准备工作量大，开餐期间工作也很繁杂 厨房多设有足够的设备和场地，以方便制作和及时出品
中餐厅厨房 （Chinese Restaurant Kitchen）	生产中国不同地方、不同风味、不同风格菜点、点心等食品的场所	包括粤菜、川菜、淮扬菜、鲁菜等不同菜系 一般酒店根据需要选择所提供的菜系，以迎合顾客的味
宴会厅厨房 （Banquet Hall Kitchen）	为宴会厅服务，主要生产烹制宴会菜肴的场所	大多数餐饮企业为保证宴会规格和档次，专门设置此类厨房 设有多功能厅的餐饮企业，宴会厨房大多同时负责各类大小宴会厅开餐的烹饪出品工作
饼房 （Pastry Kitchen）	加工制作西点类食品的场所	为所有餐厅提供西式糕点产品 通常以面包、饼干类为主，西式蛋糕的制作另外设立
烧烤厨房 （Grill Kitchen）	专门用于加工制作烧烤类菜肴的场所	由于加工制作工艺、时间与一般菜肴的制作程序、时间和成品特点不同，故需要配备专门的制作间 烧烤间一般室内温度较高
初加工厨房 （Butcher Kitchen）	负责对各类鲜活类烹饪原料进行初步加工、对干货原料进行涨发，对原料进行刀工处理或适当保藏，并配送到各个厨房	每天的工作量较大，进出货物较多，垃圾和用水量也较多 一般设置在建筑物的底层或出入便利、易于排污和较为隐蔽的地方

Q2

现代酒店中厨房工作人员结构是怎么样的?

二、厨房组织结构

现代大型宾馆酒店厨房组织结构大致可分为：行政、管理、生产三个方面（表3-2）。

表3-2 厨房组织结构表

组织结构	性质	设置职位
行政层职务	属于酒店管理高层	总厨（Exective Chef） 副总厨（Exective Sous Chef）
管理层职务	属于酒店管理中层	部门厨师长（Department Chef） 副厨师长（Vice Chef）
生产层职务	属于酒店工作执行层	厨师主管（Supervising Chef） 厨师领班（Demi Chef） 厨师员工一级（Commis1） 厨师员工二级（Commis2）

Q3 厨房工作中每一级工作人员具体有哪些职责？

三、厨房岗位职责

厨房岗位职责用于明确界定厨房员工在厨房组织结构中应当承担的责任。制定岗位职责，就是针对岗位规定其工作责任，明确组织关系，提出职责要求，使厨房各岗位员工明确自己在组织中的位置、工作范围、工作任务及权限。厨房岗位职责能够使不同岗位的厨师非常清晰地知道应对谁负责、接受谁的工作督导、同谁在工作上应保持相关联系。

厨房岗位职责是衡量和评估每个员工工作的依据，也是在工作中进行沟通和协调的依据，更是选择岗位人选的标准和依据，同时还是实现厨房高效率安排工作、高效率从事生产的保证。每个酒店都有厨房岗位职责，其中有各自的特点，也有厨房岗位共性的规定。

（一）厨师员工一级（表3-3）

表3-3 厨师员工一级岗位职责表

<table>
<tr><td colspan="4">职位名称：厨师员工一级（Commis 1）
职位级别：普通员工级
报告上级：厨师长、副厨师长、厨师主管、厨师领班
管　　理：厨师员工</td></tr>
<tr><td>基本职责范围</td><td colspan="3">负责烹饪食物和所在厨房的厨师长或副厨师长分配的其他任务
保持与厨师长或副厨师长良好的沟通，及时传达内部及顾客的意见和建议
了解并遵守酒店或部门各项规定和程序
负责烹饪，保证菜品的色、香、味、形，达到要求的标准
确保厨师在一个积极和专业的工作环境中工作
保证食品的卫生、许可及安全标准是被了解并认同的
遵守酒店各项规章制度及程序
确保所在厨房及部门内的良好沟通
确保所在厨房按照标准操作程序装备及收档，包括所有食品的正确保存同时达到HACCP标准</td></tr>
<tr><td rowspan="3">具体工作要求</td><td>部门内部管理</td><td colspan="2">按照标准操作程序填写申请单，得到所需领导签字，递交、领取及贮存所有物品
在所有物品用完之前及时通知厨师长或副厨师长食物短缺
了解并参与厨房食品成本节约，避免任何食物浪费
坚持节约能源消耗
执行任何管理层委托的工作</td></tr>
<tr><td rowspan="2">日常工作</td><td colspan="2">准时穿着工作服上班
厨房日常维护，如有任何设备出现问题及时报告厨师长或副厨师长
可以在厨房环境下站立工作十个小时</td></tr>
<tr><td>开工要求</td><td>根据标准安排工作区域，包括布置厨房，准备工具、设备及所需材料
检查卫生、工具、设备、材料，保证达到所要求的标准
检查生产进度表及库存
安排当日优先项目
通知副厨师长当日工作所需的任何材料
从库房提取相关材料并放到指定区域</td></tr>
</table>

续表

<table>
<tr><th colspan="4">职位名称：厨师员工一级（Commis 1）
职位级别：普通员工级
报告上级：厨师长、副厨师长、厨师主管、厨师领班
管　　理：厨师员工</th></tr>
<tr><td rowspan="4">具体工作要求</td><td rowspan="2">日常工作</td><td colspan="2">根据标准配方及装盘要求，保证达到食品质量及装盘标准</td></tr>
<tr><td>工作结束时要求</td><td>所有食品放回相应贮存区域
回收所有返料
包装，封口，标明物品有效期
清理、整理所有库存区域
清理所有食物准备区、出入口及架子
将干净的不用的工具和设备放至原位
关闭所有下一班次不需要的设备
补充已用完的物品</td></tr>
<tr><td>宾客服务</td><td colspan="2">按照菜单准备和提供食品以使顾客满意，当顾客有任何特殊要求，帮助提供超越顾客期望的产品
根据顾客需求提供服务
处理顾客意见及建议，及时改正以保证顾客满意</td></tr>
<tr><td>人力资源</td><td colspan="2">听从指挥，保持与主管及经理良好的工作关系
保持与其他工作人员良好的工作关系，良好的作风
其他酒店管理人员安排的工作或项目
具备强烈的时间观念
及时汇报并解决所有事故（无论事情大小）
任何酒店紧急或安全情况出现时，适当地做出处理</td></tr>
<tr><td>专业技能要求</td><td colspan="3">理解工作要求，并具有该职位的工作技能和知识来成功完成工作
具有符合工作水平的烹调技能
具有在安全及胜任的情况下使用厨房设备的能力，如刀、机器（切片机、碎肉机及烤炉）
充分认知食品安全认证及安全、健康标准
1～5年酒店或餐厅厨房工作经验（或相关工作经验）</td></tr>
<tr><td>素养要求</td><td colspan="3">能够适应不同班次
具备团队合作精神
能够适应快节奏的工作环境
值得信赖和责任心强
能应付压力，在任何时候均保持冷静</td></tr>
</table>

（二）厨师员工二级（表3-4）

表3-4 厨师员工二级岗位职责表

<table>
<tr><td colspan="4">职位名称：厨师员工二级（Commis2）
职位级别：普通员工级
报告上级：厨师长、副厨师长、厨师主管
管　　理：无</td></tr>
<tr><td>基本职责范围</td><td colspan="3">负责烹饪食物和所在厨房的厨师长或副厨师长分配的其他任务
保持与厨师长或副厨师长良好的沟通，及时传达内部及顾客的意见和建议
了解并遵守酒店或部门各项规定和程序
负责烹饪，保证菜品的色、香、味、形，达到要求的标准
确保厨师在一个积极和专业的工作环境中工作
保证食品的卫生、许可及安全标准是被了解并认同的
遵守酒店各项规章制度及程序
确保所在厨房及部门内的良好沟通
确保所在厨房按照标准操作程序装备及收档，包括所有食品的正确保存同时达到HACCP标准</td></tr>
<tr><td rowspan="7">具体工作要求</td><td>部门内容管理</td><td colspan="2">按照标准操作程序填写申请单，得到所需领导签字，递交、领取及贮存所有物品
了解并参与厨房食品成本节约，避免任何食物浪费
坚持节约能源消耗
执行任何管理层委托的工作</td></tr>
<tr><td rowspan="4">日常工作</td><td colspan="2">准时穿着工作服上班
厨房日常维护，如有任何设备出现问题及时报告厨师长或副厨师长
可以在厨房环境下站立工作十个小时</td></tr>
<tr><td>开工要求</td><td>根据标准安排工作区域，包括布置厨房，准备工具、设备及所需材料
检查卫生、工具、设备、材料，保证达到所要求的标准
检查生产进度表及库存
安排当日优先项目
通知副厨师长当日工作所需的仕何材料
从库房提取相关材料并放到指定区域</td></tr>
<tr><td colspan="2">根据标准配方及装盘要求，保证达到食品质量及装盘标准</td></tr>
<tr><td>工作结束时要求</td><td>所有食品放回相应贮存区域
回收所有返料
包装，封口，标明物品有效期
清理、整理所有库存区域
清理所有食物准备区、出入口及架子
将干净的不用的工具和设备放至原位
关闭所有下一班次不需要的设备
补充已用完的物品</td></tr>
<tr><td>宾客服务</td><td colspan="2">按照菜单准备和提供食品以使顾客满意。当顾客有任何特殊要求，帮助提供超越顾客期望的产品
根据顾客需求提供服务
处理顾客意见及建议，及时改正以保证顾客满意</td></tr>
<tr><td>人力资源</td><td colspan="2">听从指挥，保持与主管及经理良好的工作关系
保持与其他工作人员良好的工作关系，良好的作风
根据酒店运营调整工作时间
酒店出现任何紧急或安全情况时，适当地做出处理</td></tr>
</table>

续表

<table>
<tr><td colspan="2">职位名称：厨师员工二级（Commis2）
职位级别：普通员工级
报告上级：厨师长、副厨师长、厨师主管
管　　理：无</td></tr>
<tr><td>专业技能要求</td><td>理解工作要求，并具有该职位的工作技能和知识来成功完成工作
具有符合工作水平的烹调技能
具有在安全及胜任的情况下使用厨房设备的能力，如刀、机器（切片机、碎肉机及烤炉）
充分认知食品安全认证及所在酒店的安全及健康标准，任何时候都工作于一个安全、健康及卫生的环境
1～5年酒店或餐厅厨房工作经验（或相关工作经验）</td></tr>
<tr><td>素养要求</td><td>能胜任本职工作
能够适应不同班次
具备团队合作精神
能够适应快节奏的工作环境</td></tr>
</table>

（三）厨师领班（表3-5）

表3-5　厨师领班岗位职责表

<table>
<tr><td colspan="3">职位名称：厨师领班（Demi Chef）
职位级别：普通员工级
报告上级：部门厨师长、副厨师长、厨师主管
管　　理：厨师员工</td></tr>
<tr><td>基本职责范围</td><td colspan="2">协助部门厨师长或厨师主管管理所在的厨房
保持与厨师长或副厨师长良好的沟通，及时传达内部及顾客的意见和建议
了解并遵守酒店或部门各项规定和程序
负责烹饪，保证菜品的色、香、味、形，达到要求的标准
确保厨师在一个积极和专业的工作环境中工作
保证食品的卫生、许可及安全标准是被了解并认同的
遵守酒店各项规章制度及程序
确保所在厨房及部门内的良好沟通
确保所在厨房按照标准操作程序装备及收档，包括所有食品的正确保存同时达到HACCP标准</td></tr>
<tr><td rowspan="2">具体工作要求</td><td>部门内部管理</td><td>按照标准操作程序填写申请单，得到所需领导签字，递交、领取及贮存所有物品
了解并参与厨房食品成本节约，避免任何食物浪费
坚持节约能源消耗
执行任何管理层委托的工作
在所有物品用完之前及时通知厨师长或副厨师长食物短缺
及时通知厨师长或副厨师长有关任何食物过剩可用于促销或酒店其他厨房</td></tr>
<tr><td>日常工作</td><td>厨房日常维护，如有任何设备出现问题及时报告厨师长或副厨师长
可以在厨房环境下站立工作十个小时
准时穿着工作服上班
根据标准安排工作区域包括，布置厨房、准备工具、设备及所需材料</td></tr>
</table>

续表

<table>
<tr><th colspan="4">职位名称：厨师领班（Demi Chef）
职位级别：普通员工级
报告上级：部门厨师长、副厨师长、厨师主管
管　　理：厨师员工</th></tr>
<tr><td rowspan="5">具体工作要求</td><td rowspan="3">日常工作</td><td>开工要求</td><td>检查卫生、工具、设备、材料，保证达到所要求的标准
检查生产进度表及库存
安排当日优先项目
通知副厨师长当日工作所需的任何材料
从库房提取相关材料并放到指定区域</td></tr>
<tr><td colspan="2">根据标准配方及装盘要求，保证达到食品质量及装盘标准</td></tr>
<tr><td>工作结束时要求</td><td>所有食品放回相应贮存区域
回收所有返料，包装，封口，标明物品有效期
清理、整理所有库存区域
清理所有食物准备区、出入口及架子
将干净的不用的工具和设备放至原位
关闭所有下一班次不需要的设备
补充已用完的物品</td></tr>
<tr><td>宾客服务</td><td colspan="2">按照菜单准备和提供食品以使顾客满意，当顾客有任何特殊要求，帮助提供超越顾客期望的产品
处理顾客意见及建议，及时改正以保证顾客满意
根据酒店运营调整工作时间
根据顾客需求提供服务</td></tr>
<tr><td>人力资源</td><td colspan="2">听从指挥，保持与主管及经理良好的工作关系
保持与其他工作人员良好的工作关系，良好的作风
其他酒店管理人员安排的工作或项目
具备强烈的时间观念</td></tr>
<tr><td>专业技能要求</td><td colspan="3">理解工作要求，并具有该职位的工作技能和知识来成功完成工作
具有符合工作水平的烹调技能
具有在安全及胜任的情况下使用厨房设备的能力，如刀、机器（切片机、碎肉机及烤炉）
充分认知食品安全认证及安全、健康标准
1～5年酒店或餐厅厨房工作经验（或相关工作经验）</td></tr>
<tr><td>素养要求</td><td colspan="3">能够适应不同班次
具备团队合作精神
能够适应快节奏的工作环境</td></tr>
</table>

（四）厨师主管（表3-6）

表3-6　厨师主管岗位职责表

职位名称：厨师主管（Supervising Chef） 职位级别：主管级 报告上级：部门厨师长 、副厨师长 管　　理：厨师领班、厨师		
基本职责范围		负责协助部门厨师长或副厨师长管理厨房的运转 保持与部门厨师长或副厨师长良好的沟通，及时传达内部及顾客的意见和建议 了解并遵守酒店或部门各项规定和程序 负责管理部门厨师，保证食品的色、香、味、形，达到食品的标准 负责确保在时间表允许的情况下，部门所有食品是新鲜的 确保厨师在一个积极和专业的工作环境中工作，使各成员能够共同交流、探讨相关技术和知识，了解并达到厨房及酒店的各项标准 培训初级部门厨房工作人员以达到酒店及总厨办公室制定的标准 保证食品的卫生、许可及安全标准是被了解并认同的 遵守酒店各项规章制度及程序 确保厨房按照标准操作程序装备及收档，包括所有食品的正确保存同时达到HACCP标准
具体工作要求	部门内部管理	协助厨房行政总厨或厨师长根据年度计划执行各项活动、促销以及菜单执行 了解并参与管理厨房食品成本、运转所需材料及厨房能量消耗 协助厨房行政总厨或副厨师长准备及控制每天和每周的市场供货清单 坚持节约能源消耗 酒店其他管理人员安排的工作或项目 监督管理负责区域的卫生清洁和卫生监督员一起执行HACCP
	日常工作	执行任何管理层委托的工作 协助厨房行政总厨或厨师长在菜单执行前及时提供相关摆盘指南、食物图片、成本信息 厨房日常维护，如有任何设备出现问题及时报告饼房行政总厨或面包房厨师长 根据标准配方及装盘要求，保证达到食品质量及装盘标准 按照标准操作程序填写申请单，得到所需领导签字，递交、领取及贮存所有物品 确保所购买的食品在收货时正确无误，质量合格
	宾客服务	按照菜单准备和提供食品以使顾客满意。当顾客有任何特殊要求，帮助提供超越顾客期望的产品 处理顾客意见及建议，及时改正以保证顾客满意 根据顾客需求提供服务
	人力资源	听从指挥，保持与主管及经理良好的工作关系 保持与其他工作人员良好的工作关系，在必要时提供指导和鼓励 保证所有初级员工按时着制服上岗
专业技能要求		在相关领域有很强的竞争力，具有2年以上管理经验 5~7年四五星级酒店或餐厅厨房工作经验 能胜任本职工作 良好的英语水平
素养要求		能够适应不同班次 积极创新 具备良好的自制力及团队合作精神 能够适应快节奏的工作环境 能够领导一个年轻的厨师团队

（五）部门厨师长（表3-7）

表3-7　部门厨师长岗位职责表

职位名称：部门厨师长（Chef de Cuisine） 职位级别：部门经理B级 报告上级：行政总厨、行政副总厨 管　　理：副厨师长、厨房主管、厨师领班、厨师员工		
基本职责范围	负责管理和带领指定的厨师团队为客人提供一个良好的用餐体验，全面管理所在厨房的各方面事务 保持与行政总厨的良好沟通，包括相关的内部沟通，及时汇报客人的意见和建议 传达必要的信息给厨师团队 管理厨师团队，确保烹饪符合酒店标准的高质量的食物，并良好地摆放在所在餐厅和酒店 确保厨师在一个积极和专业的工作环境中工作，使各成员能够共同交流、探讨相关技术和知识，了解并达到厨房及酒店的各项标准 培训厨房员工使其可以达到酒店和厨师办公室制定的相关要求和标准，并保留相应的文件 保证部门培训计划有效、连续地实施，保证食品的卫生、许可及安全标准总是被了解并认同 遵守酒店各项规章制度及程序 确保所在厨房及部门内的良好沟通 执行任何管理层委托的工作	
具体工作要求	部门内部管理	协助行政总厨编写年度市场计划和预算 按照年度计划积极配合行政总厨和餐厅经理制定各项活动、促销和菜单的执行 根据市场最新发展趋势创新和发展菜肴和食谱 确保所有在每日厨师例会或每月的业务会议中所派定的工作已被相关人员跟进 计划、统筹和督促菜单及时执行，并保证菜单在执行前已具备必要的摆盘指南、食谱、食物的照片和成本核算等信息 准备及控制每天和每周的市场供货清单 在需要时，参加餐饮部和宴会销售部的会议 制定每周排班及每月年假安排 确保每日例会及每月例会中涉及的问题全部完成 负责并执行部门运营预算 负责维持所在厨房的食品成本、工作所需的材料、厨房能量消耗和厨房器具 坚持在食品质量标准没有改变的情况下通过策略性购买，减少食品成本 提出满足客人需求、提高工作效率的方法
	日常工作	能够长达十小时站在厨房环境工作 每周检查工作，和工程部、管事部依次巡视所有厨房，监督维护和保证工作仪器是良好运转的，厨房是干净卫生的 确保采购的食品质量，在收货时监督质量，确保采购的食品价值和食物成本一致 有足够员工保证运营 为客人计划并提供新产品 负责检查并确保所有出品都稳定达到最高的质量要求 与行政总厨或行政副总厨交流任何运营中出现的问题及招聘事项 确保所有食品（包括宴会）都高标准且准时出餐 理解从质量分析报告和反馈，采取行动以确保标准得到满足和操作不断改进 密切配合团队最大程度地保持厨房清洁和卫生 了解并遵守当地和相关的食品政策 监督管理负责区域的卫生清洁，和卫生监督员一起执行HACCP 不允许接待任何未经通知的食品或材料供应商。 所有外界的公司代表只允许直接跟厨师办公室联络业务

续表

职位名称：部门厨师长（Chef de Cuisine） 职位级别：部门经理B级 报告上级：行政总厨、行政副总厨 管　　理：副厨师长、厨房主管、厨师领班、厨师员工		
具体工作要求	日常工作	了解并确保厨房设备正确及安全地使用 及时汇报并解决所有事故（无论事情大小） 酒店出现任何紧急或安全情况时，适当地做出处理
	宾客服务	支持公司的企业哲学和公司文化，通过使用部门的日常经验,保证客人满意和实现我们的使命宣言 处理顾客的评价和投诉，迅速改正以确保顾客满意
	人力资源	维护实施酒店员工手册中的政策与程序 参加与职位要求相符的各类培训 确保所有员工、客人或访客出现的各种事故都按照酒店程序上报 根据酒店的相关规定正确处理任何违纪行为 按照政策和程序规定准备员工的评估报告 了解厨房部门的人员计划
职位要求	及时准备并提供所有食品的能力 烹饪的能力，包括各种各样食物的烹饪技术 在相关领域有很强的竞争力，具有3年以上管理经验 8年以上四五星级酒店或餐厅厨房工作经验 热爱烹饪 能胜任本职工作 能够培训、发展和领导一个拥有不同技巧层次的厨师团队，坚持提高顾客及员工满意度，创造最大的经济效益 具备HACCP、食品安全知识 能够迎接新的挑战，承担相关职责及分配的特殊项目 英语流利	
素养要求	具备欧洲和（或）不同亚洲国家的工作经验 能够适应不同班次 积极创新 具备良好的自制力及团队合作精神 能够适应快节奏的工作环境	

（六）副厨师长（表3-8）

表3-8　副厨师长岗位职责表

职位名称：副厨师长（Sous Chef） 职位级别：主管级 报告上级：行政总厨、行政副总厨、部门厨师长 管　　理：厨师主管、厨师领班、厨师员工	
基本职责范围	负责酒店内相关部门的食品质量，全面管理食品加工房的各方面事务 有良好的成本意识，控制食品成本 保持与行政总厨和行政副总厨的良好沟通，包括相关的内部沟通，及时汇报客人的意见和建议，传达必要的信息给厨师团队 管理厨师团队，确保烹饪符合酒店标准的高质量的食物，并良好地摆放在所在餐厅和酒店

续表

<table>
<tr><th colspan="3">职位名称：副厨师长（Sous Chef）
职位级别：主管级
报告上级：行政总厨、行政副总厨、部门厨师长
管　　理：厨师主管、厨师领班、厨师员工</th></tr>
<tr><td>基本职责范围</td><td colspan="2">确保厨师在一个积极和专业的工作环境中工作，使各成员能够共同交流、探讨相关技术和知识，了解并达到厨房及酒店的各项标准
培训厨房员工使其可以达到酒店和厨师办公室制定的相关要求和标准，并保留相应的文件
保证部门培训计划有效、连续地实施
保证食品的卫生、许可及安全标准是被了解并认同的
遵守酒店各项规章制度及程序
确保所在厨房及部门内的良好沟通</td></tr>
<tr><td rowspan="4">具体工作要求</td><td>部门内部管理</td><td>按照年度计划协助厨师长制定各项活动、促销和菜单的执行
在厨师长不在的情况下，代替厨师长参加会议，确保所有在每日厨师例会或每月的业务会议中所派定的工作已被相关人员跟进
负责配合厨师长坚持所有标准和日常厨房的运作。在厨师长不在的情况下带领团队
计划、统筹和督促菜单及时执行，并保证菜单在执行前已具备必要的摆盘指南、食谱、食物的照片和成本核算等信息
准备及控制每天和每周的市场供货清单
负责维持所在厨房的食品成本、工作所需的材料、厨房能量消耗和预算一致
不允许接待任何未经通知的食品或材料供应商
所有外界的公司代表只允许直接跟厨师办公室联络业务
了解并确保厨房设备正确及安全地使用
酒店出现任何紧急或安全情况时，適当地做出处理，及时汇报并解决所有事故（无论事情大小）</td></tr>
<tr><td>日常工作</td><td>确保采购的食品质量，在收货时监督质量，确保采购的食品价值和食物成本一致
确保所有工作人员按时着制服上岗
能够长达十小时在厨房环境中站立工作
每周检查，和工程部、管事部依次巡视所有厨房，监督维护和保证工作仪器是良好运转的，厨房是干净卫生的</td></tr>
<tr><td>宾客服务</td><td>处理顾客的评价和投诉，迅速改正以确保顾客满意</td></tr>
<tr><td>人力资源</td><td>根据酒店的相关规定正确处理任何违纪行为
按照政策和程序规定准备员工的评估报告
了解厨房部门的人员计划
执行任何管理层委托的工作</td></tr>
<tr><td>专业技能要求</td><td colspan="2">在相关领域有很强的竞争力，具有2年以上管理经验
5～7年四五星级酒店或餐厅厨房工作经验
能胜任本职工作
良好的英语水平
具有东南亚餐、中餐及西餐食品知识及烹饪能力
具有各种各样食物的烹饪技术
根据市场最新发展趋势协助厨师长创新和发展菜肴和食谱
及时准备并提供所有食品的能力</td></tr>
<tr><td>素养要求</td><td colspan="2">能够适应不同班次
积极创新
具备良好的自制力及团队合作精神
能够适应快节奏的工作环境
能够领导一个年轻的厨师团队</td></tr>
</table>

知识拓展

厨房生产卫生制度

1 厨房日常卫生制度

（1）厨房卫生工作实行分工包干负责制，责任到人，及时清理，保持应有的清洁度，定期检查，公布结果。

（2）厨房各区域按岗位分工，落实包干到人，各人负责自己所用设备工具及环境的清洁工作，使之达到规定的卫生标准。

（3）各岗位员工上班，首先必须对负责的卫生范围进行清洁、整理和检查；生产过程中保持卫生整洁，设备工具谁用谁清洁；下班前必须将负责区域卫生及设施清理干净，经上级检查合格后方可离岗。

（4）厨师长随时检查各岗位包干区域的卫生状况，对未达标者限期改正，对屡教不改者，进行相应处罚。

2 厨房卫生标准

（1）食品生熟分开，切割、装配生熟食品必须双刀、双砧板、双抹布，分开操作。

（2）厨房区域地面无积水、无油腻、无杂物，保持干燥。

（3）厨房屋顶天花板、墙壁无落灰、无污斑。

（4）炉灶、冰箱、橱柜、货架、工作台，以及其他器械设备保持清洁明亮。

（5）厨房无苍蝇、蚂蚁、蟑螂、老鼠。

3 厨房卫生检查制度

（1）厨房员工必须保持个人卫生，衣着整洁；上班首先必须自我检查，领班对所属员工进行复查，凡不符合卫生要求者，应及时予以纠正。

（2）工作岗位、食品、用具、包干区及其他日常卫生，每天上级对下级进行逐级检查，发现问题及时改正。

（3）厨房死角按计划日程由厨师长组织检查，卫生未达标的项目，限期整改，并进行复查。

（4）厨房员工应积极配合，定期进行健康检查，经检查被认为不适合从事厨房工作者，应自觉服从组织决定，支持厨房工作。

摘自《优秀厨房主管技能培训手册》

项目任务

任务二
西餐厨房工作人员素养

虽然相对整个酒店而言，厨房面积是非常小的，但却是不可缺少的、重要的组成部分，每天有很多人在其中忙碌，从而也形成了一个微型社会，其规模虽小却与外界没有什么区别，没有人是可以独立存在的，而且现代厨房越来越注重开放式，所以厨师在工作的同时，也需要注意自身的素养。

Q1
我们在西餐厨房工作中需要遵守哪些个人素养？

一、西厨房工作个人仪容礼仪要求

仪容，是个人仪表的重要组成部分之一，它主要由发式、面容以及人体所有未被服饰遮掩的肢体等内容所组成，在人的仪表美中占有举足轻重的地位。对于在西餐厨房工作的厨师，良好的仪容也是很重要的，因为在西餐厅中厨师与客人见面的机会是很多的，厨师的个人仪容不只是个人的形象，同时也代表着整个餐厅的形象。

（一）头发的修饰

厨师头发在工作时都必须藏于工作帽下，但头发的整齐规范也是不可缺少的（表3-9）。

表3-9 厨师头发规范表

谨慎选择发型	选择发式，要考虑身份、工作性质和周围环境，尤其要考虑自身条件，以求与体形、脸形相配
确保头发清洁	要养成周期洗发的习惯。由于厨房工作特殊，油烟较重，一般情况下油性头发每天洗一次，干性头发2~3天洗一次，还可根据季节而略作变化
规范修剪头发	修剪头发同样需要定期进行，及时理发，厨房工作人员通常应该每半个月修剪一次头发
	男士要求：前刘海不能遮住眼眉；两侧不能遮住左右耳朵，应高于耳郭；后面头发不能接触衣后领，应略高于衣领1厘米
	女士要求：前刘海不能遮住眼眉；女士可以留长发，但工作时不能披头散发，必须将长发盘起于脑后
规范美发	西餐厨房工作人员不要将头发染成黑色以外的任何颜色，那些追求所谓前卫发型发色的做法是不可取的

（二）脸部的修饰

脸部是人与人接触时最直接的印象，在任何时间、对任何职业都非常重要，厨师对于脸部的修饰无须过多，最主要是干净、清洁（表3-10）。

表3-10　厨师脸部修饰要求表

西餐厨房员工皮肤保养	保持面部皮肤清洁，洗脸的水温不宜偏高，一般应低于35℃。洗脸应从下往上、由眼鼻至脸颊，这样有助于皮肤的血液循环	
	注意脸部皮肤保养，养成多喝水的习惯，注意合理的饮食，并有充足的睡眠，以防止痤疮与暗疮的形成	
	厨房工作人员也应保护皮肤的完好，尽可能避免脸部及手外伤留下较大较明显的伤痕。此外更不应主动破坏自己皮肤的完整，如在明显部位进行文身，这是不允许的	
西餐厨房男性工作人员		西餐厨房女性工作人员
• 每天须修面剃须，不留小胡子、大鬓角，保持整洁大方 • 男性皮肤由于油脂分泌旺盛，皮肤比较油腻，容易形成污垢，应特别注重面部的清洁，以及颈部、耳后部的清洁		西餐厨房工作环境相对较为油腻，因此对于女性工作人员同样也要注意面部的清洁 • 女性厨房员工一般不化妆，如岗位需要也只以淡妆为主 • 严禁浓妆如“烟熏妆”等，禁止戴假睫毛，不使用口红，禁止使用气味浓烈的香水 • 工作时不允许佩戴有挂坠的耳环

（三）手部的修饰

手是直接接触食物的重要器官，厨师手部的清洁与否直接影响菜品的质量，因此手的清洁卫生十分重要（表3-11）。

表3-11　厨师手部修饰要求表

手部的清洁与保养	在每次操作前应对手部进行清洗，保持手部的清洁 工作过程中随时注意手部的清洁 当手部受外伤或患有皮肤病时应及时换离直接接触食物的操作岗位，等恢复健康后才能再次上岗
手部的修饰	西餐厨房工作人员不能留长指甲，也不能涂抹指甲油 工作时不得佩戴首饰，如戒指、手链、手镯等饰物

Q2
我们在西餐厨房工作中需要遵守哪些个人着装规范？

二、西餐厨房工作个人着装规范

西餐厨房工作人员必须按照企业规定穿戴整齐，着厨房工作服进入厨房上岗操作（表3-12）。

表3-12 厨师规范着装表

 厨房工作帽	厨房工作人员工作时必须戴上工作帽，以避免头发进入食品中 前额的刘海与左右两侧的头发必须置于帽子之内，不得外露 女性工作人员如是长发需将长发盘起于脑后，同样置于厨师帽内不得外露，或以统一的发网将头发收拢于脑后 穿戴厨师帽前先确定厨师帽的整洁干净，如有污垢或在工作中弄脏，应及时更换干净的厨师帽 严禁在厨房或餐厅将厨师帽拿下或是拿在手中充当扇子使用
厨房工作服、裤、鞋	厨师工作服穿着要求： 厨房工作人员工作时必须穿着统一的工作服，以免造成食品污染 按照规定厨师服的所有纽扣必须全部扣好，特别是领口的纽扣 袖口的折叠处翻折一次使袖口刚好置手腕处，袖口通常不允许翻卷过高 工作服应保持整洁，应勤于更换；如发现破损或纽扣脱落应立刻送洗衣房进行更换 在酒店工作场所不允许将厨师工作服的纽扣解开而呈敞开状，包括衣领
	厨师工作裤穿着要求： 厨房工作人员工作时必须穿着统一的工作裤，以保持酒店企业的员工形象 工作裤长短应合身，裤管不宜过长或过短，刚好遮住脚腕为宜 工作裤应保持整洁，应勤于更换；如发现破损或纽扣脱落应立刻送洗衣房进行更换 在酒店工作场所内不允许将厨师工作裤的裤管向上翻卷，露出小腿
	厨师工作鞋穿着要求： 厨房工作人员工作时必须穿着统一的工作鞋，以确保工作安全，有效避免意外伤害 工作鞋大小应合脚，不宜过大或过小 工作鞋应保持清洁，应时常擦拭；如发现破损应立刻送洗衣房进行更换
领结	西餐厨房工作人员工作时必须正确规范地带上领结，领结犹如文员工作时带的领带 领结应保持整洁，应勤于更换 不能因贪图凉快将领结拉松
口罩	厨房部分部门，如蛋糕房、水果加工间、冷菜熟食间等，厨师工作时还需戴上口罩，以免造成食品污染

Q3

我们在厨房工作中需要遵守哪些个人仪态规范？

三、西餐厨房工作个人仪态标准

在西餐厨房工作，仪态是一种无声的“语言”，是除仪容仪表外传递个人信息的第二个直观因素。优美的仪态使人愿意接近和沟通，举止得体、风度优雅的社交形象，必然受人欢迎、受人尊重，所以也已经成为企业形象的重要组成部分。仪态通常可分为体姿、手势、表情。

（一）体姿标准

人的体姿大致包括站姿、行姿、坐姿等。其中站姿是人际交往中一种最基本的举止，能给人挺直、均衡等感觉。行姿是在站姿的基础上显示动态美的一种延续的动作姿态。在正式场合中，经过良好训练的行姿会散发出青春的活力和迷人的魅力，同样能充分展现一个人的风采和气韵。文雅而又端庄的坐姿，会给人沉着、稳重、冷静、优美的感觉，是能展示一个人高贵的气质和风度的方式。

1. 站姿的基本要领

站姿是人际交往中常用的一种姿态，是酒店的服务人员及厨师展现给客人的气质体现，规范的站姿（图3-2）不仅给人以良好的印象，而且也给自身带来一种不易疲劳的轻松感。

站姿类型

（1）垂臂式站姿　双臂自然下垂，手指自然弯曲，中指贴裤缝。

（2）腹前握指式站姿　两手握于腹前，右手在上，握住左手手指部位，两手交叉点在衣扣垂直线上。

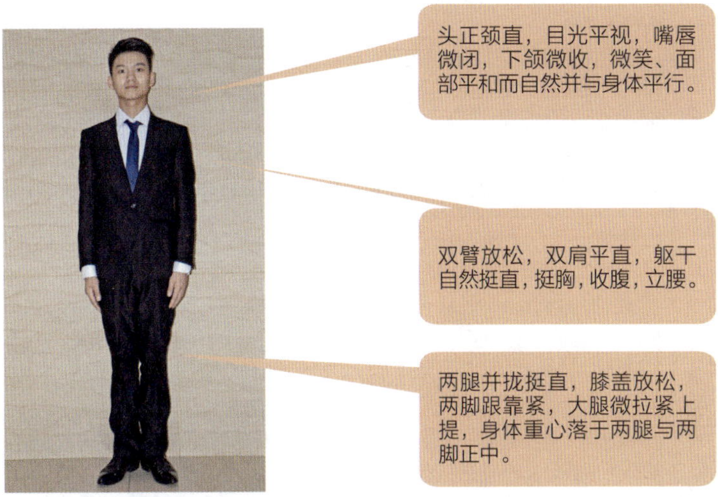

图3-2　规范的站姿

站姿的禁忌

- 站立时两腿交叉或两脚间距过大，会给人极不严肃的感觉。
- 站时双手或单手叉腰，往往含有进犯、挑逗之意，在异性面前尤其不可取。
- 站立时双臂交叉抱于胸前，会有消极、防御、抗议之嫌。
- 站立时双手插入衣袋或裤袋中，下意识地做小动作，如摆弄衣角、咬手指甲等，会给人以拘谨小气、缺乏自信、缺乏经验的感觉。
- 站立时身体晃动，耸肩驼背，脚打拍子，会给人以漫不经心或没有教养的感觉。
- 站立时弯腰或东倒西歪地靠着柱子、餐桌、柜台、墙壁，会给人精神不爽、萎靡不振的感觉。

2. 行姿的基本要领（表3-13）

表3-13　行姿基本要领

正确的行姿	整体要求： 挺胸抬头，身正颈直，收腹立腰，双膝伸直，双目前视，下颌未收，表情自然平和，使全身看上去形如一条直线
	步履要求： 步幅适度，一般为25～30厘米 步速均匀，男士一般每分钟108～110步；女士一般每分钟118～120步 步位准确，男士走出的轨迹应在不超过肩宽的两条平行线上；女士两脚落地时尽量保持脚跟与脚尖落在一条直线上

续表

正确的行姿	重心要求： 两肩平稳，防止左右摇晃，双臂摆动适中，身体重心微微前倾 双臂自然放松，以肩关节为轴前后自然摆动，摆动幅度以30度左右为宜
行姿的变化	前行转身： 在前行中要拐弯时，要在距所转方向远侧的一只脚落地后，立即以该脚掌为轴，转过全身，然后迈出另一脚。即，向左转时，要右脚向前时转身；向右转时，要左脚向前时转身
	引导步： 引导步是用于给人带路的步态，尽可能走在被引导者的左侧，整个身体半转向被引导者，并保持两步左右的距离。遇到上下楼梯、转弯、进门时，要伸出左手示意，并提示请客人上楼、进门等
	后退步： 与人告别时，应当先后退两三步，再转身离去。退步时脚轻擦地面，步幅要小，先转身后转头
行姿的禁忌	摇着八字脚（内八字或外八字），晃着这样的步态让人感觉十分难看 双臂大甩手、摇头晃肩、扭腰摆臀、左顾右盼、上颠下跛的行姿，会给人轻薄的印象 双手插入裤袋或倒背双手而行，让人觉得拘谨、小气或傲慢、呆板 步幅太大或太小，会给人不雅观或不大方的感觉 脚蹭地面，低头或后仰，步履蹒跚，上下楼梯时弯腰驼背、手撑大腿或一步踏两三级楼梯，给人以压抑、疲倦、精神不振或浮躁不安的感觉 在正式场合中狂奔猛跑、连蹦带跳、横冲直撞、与人抢道等，会给人蛮横无理的感觉

3. 坐姿的基本标准（图3-3）

坐姿类型

（1）前伸式坐姿　在基本坐姿的基础上，女士左脚向前伸出，全脚着地，小腿与地面的夹角不得小于45度，右脚跟上，右脚内侧脚弓部靠于左脚跟处，全脚着地，脚尖不可上翘。男士双脚前伸并拢，小腿与地面的夹角不得小于45度。

（2）双腿斜放式坐姿　在基本坐姿的基础上，左脚向左平移一步，左脚掌内侧着地，右脚左移，右脚内侧中部靠于左脚脚跟处，右脚脚掌着地，脚跟提起，双腿靠拢斜放。两膝在整个过程中，始终相靠。同样也可向右侧斜放。

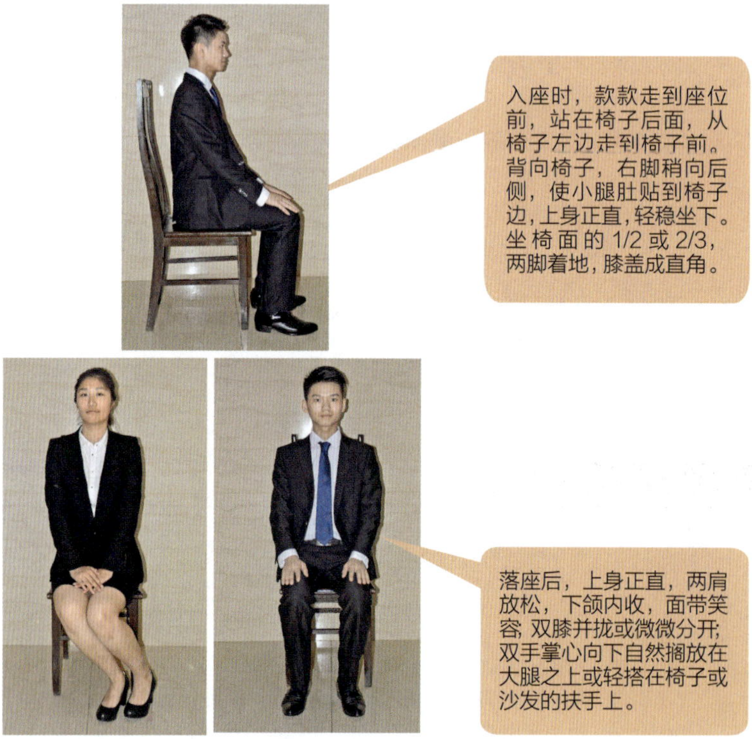

图3-3　规范的坐姿

坐姿的禁忌

- 猛起猛坐，弄得座椅乱响，会给人粗鲁、野蛮的印象。
- 上身不直，左右晃动；两腿交叠时，悬空的脚尖上翘直指对方或不停地晃动。这些会显得没有教养。
- 二郎腿，并用双手扣住腿，晃脚尖；或把腿脚架在椅子或沙发扶手上。这些都会显得傲慢无礼、目中无人。
- 两膝分开，脚尖朝内，脚跟朝外，分开呈“八”字形；两大腿分开，伸得很远；大腿并拢，小腿分开，形成“人”字形。这些都会显得十分不雅观。
- 弯腰弓背，手扶下巴，把脚藏在座椅下或钩住椅腿，这会显得小气，欠大方。
- 前俯后仰、躺靠椅背、抖动腿脚、展露大腿，这会显得粗俗、轻浮。
- 双手支撑在膝上或椅腿上，容易被人判读为示意结束。

（二）手势的规范

在人际交往中，手势是肢体语言中最为丰富和最具表现力的一种传播媒介。每个国家的习俗不同，各种手势所具有的含义也略有不同。了解手势动作所具备的含义，并正确地使用规范的手势（表3-14），可以增强感情的表达。

表3-14 手势规范表

常见的手势	引导手势：将左手或右手提至齐胸高度，手指并拢，掌心略向上，以肘关节为轴，上臂带动前臂，手臂自上而下从身前抬起，朝欲指示的方向伸出前臂，手和前臂成一直线，整个手臂略弯曲，肘关节基本伸直 介绍手势：介绍他人的手势，要掌心向上，手臂向下，四指伸直并拢，拇指略张开，手腕与前臂成直线，以肘关节为轴，整个手臂略弯曲，手掌基本上抬至肩的高度，并指向被介绍一方 握手的手势：要求施礼者距受礼者约一步的距离，两脚立正，或两脚展开成八字步站立，上身微前倾，目视对方，伸出右手，四指并拢，拇指张开，手掌与地面垂直，肘关节微屈抬至腰部，与对方右手相握，并上下抖动，以示友好 鼓掌的手势：鼓掌时应用右手手掌拍击左手手掌心，但注意一般不要过分用力、时间过长，不可用指尖轻拍左手掌心
禁忌的手势	在社交场合用手掏耳朵、抠鼻孔、咬指甲、擦眼垢、搓泥垢、修指甲、揉衣角、用手指在桌上乱画等手势动作，会被别人视为对对方无兴趣、蔑视对方和没有教养的表现，从而令人极其反感，严重影响社交风度 介绍某人或为宾客引路指示方向时，切忌用手指来指点，因为它含有教训人的味道，是不礼貌的。若是掌心向下挥手一指，则给人傲慢无礼、敷衍了事和缺乏热情的感受。与宾客交谈时，手势不宜过多，动作不宜过大，更不要手舞足蹈，因为这会给人轻浮乃至轻狂不实在的印象 与人相处时不要以手势动作来“评价”人。在公共场合遇到不相识的人，不应当指指点点，尤其是不应当在其背后这样做。这种动作通常会被理解为对对方评头论足，是非常不友好的 用带尖的锐器直指他人是无礼的

（三）面部表情的基本要求

人的面部器官与肌肉组织在心理作用和神经系统支配下的状态与位置就是面部表情。在千变万化的面部表情中，由于眼神和笑容是最具有礼仪功能和表现能力的，因此在人际交往中首先需要学会正确地运用目光和笑容表达情感。

1. 目光

眼睛是人在交往过程中传达情感的重要器官，通常人与人的对视有不同的意义表达（图

3-4），对视的方式可以有直视、凝视及环视等，面对不同的人、在不同的场合下适合不同的对视方式（表3-15），除此之外，对视的时间也是影响情感表达的因素（图3-5）。

图3-4　对视的种类

表3-15　对视方式及表达含义表

对视的方式	特点	适用范围
直视	直接地注视对方，表示认真、尊重，表明自己大方、坦诚或是关注对方	适用于各种情况
凝视	是直视的一种特殊情况，即全神贯注地进行注视	多用于表示专注、恭敬
环视	有节奏地注视不同的人员或事物	适用于同时与多人打交道，表示“一视同仁”
仰视	主动居于低处，抬眼向上注视他，表示尊重、敬畏之意	适用于面对尊长之时

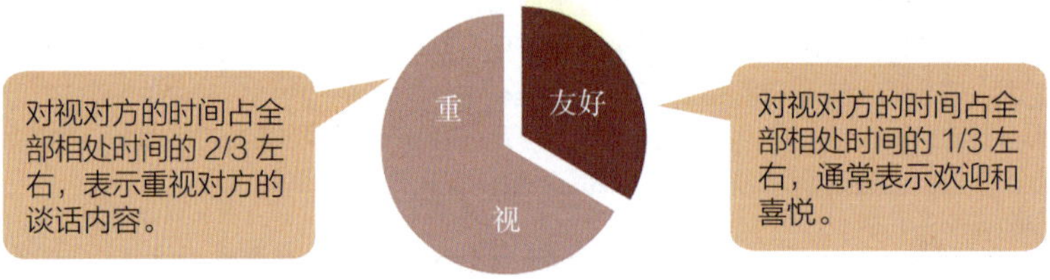

图3-5　对视的时间

2. 适度的笑容

笑容是较重要的，也是最易被人捕捉到的一种脸部表情，人在不同场合、不同情景下会产生不同的笑容（表3-16），餐饮从业人员更需要善于使用笑容。

表3-16　笑容种类及表达含义表

种类	特点	适用范围
含笑	一种程度最浅的笑，其特点是面含笑意，不出声，不露齿	意在表示接受对方，待人友善，适用范围较为广泛，餐饮从业人员适用
微笑	一种程度较含笑稍深的笑，其特点是面部有明显变化，唇角向上移动，略呈弧形，但牙齿不会外露	表示友好的笑，在人际交往中，其适用范围最广，餐饮从业人员适用
轻笑	较微笑深的笑。其特点是嘴巴微微张开一些，上齿显露在外，但不发出声响	表示欣喜、愉快，多用于会见亲友、向熟人打招呼或是遇上喜庆的事
浅笑	轻笑的一种特殊情况，表现为笑时抿嘴，下唇大多被含于牙齿之中	常见于年轻女性表示害羞的时候
大笑	一种程度、最深的笑。其特点是面容变化明显，嘴巴大张，呈现为弧形，上下齿都暴露在外，发出“哈哈哈”的笑声，但肢体动作不多	多见于幸福开心时刻，表示尽情欢乐或高兴万分

Q4
我们在西餐厨房工作中与人交流时需要注意哪些规范？

四、西餐厨房工作语言礼仪

语言是人们传递信息与情感、彼此增进了解和友谊的一种常用方式。在日常工作中使用纯洁、健康、优美的语言，有助于协调工作中各方面的人际关系，促使相互间的和睦相处，帮助产生内在的凝聚力，并形成良好的社会道德风貌。对餐饮从业人员来说，使用规范的服务语言（表3-17），容易取得顾客的信任，能顺利为顾客服务，避免冲突，提升服务质量。

表3-17　规范的服务语言表

称呼用语	对宾客的称呼	男性一般尊称“先生” 女性根据年龄不同尊称“小姐”“夫人”“女士”等 面对多位宾客时，尊称“各位”“诸位来宾”“女士们”“先生们”等
	酒店员工之间的称呼	酒店主管高层的称呼：姓氏+职务或职称，如“李总”“陈经理”等 厨房管理者或年龄较大的同事的称呼：姓氏+“师傅”，如“刘师傅”等 现代酒店要求员工使用英文名，一般上级与下级之间、平级员工之间直呼其英文名
请求用语	在提出请求之前先致歉，如“对不起、请问……”“很抱歉，拜托您……”等 要恰当使用敬语，以对方为尊贵，自己则态度谦卑、言辞恭敬。常用“劳驾”“拜托”“请多关照”“请您费心”等 请求人应尽量采用迂回和委婉的表达方式，避免直来直去地提出请求，给双方都留有余地	
致歉用语	常用致歉语	“对不起”“请原谅”“很抱歉”“给您添麻烦了”“请别介意”“不好意思”等
	接受他人的致歉	以谦逊友好的态度应答，如“没关系”“别客气”“这算不了什么”“您太在意了”“哪里的话”
禁忌用语	在呼唤他人时，禁止使用如“下一个”“那边的”这类称呼 在酒店工作时，不应当采用任何不文雅的粗话、脏话、黑话、怪话	

Q5

我们在西餐厨房工作操作中有哪些规范要求？

五、西餐厨房岗位操作规范

西餐厨房是一个较为庞大的组织，其中的工作人员每天都必须完成繁重的工作，与一般的社会餐饮不同的是酒店西餐厨房不但需要提供菜品，而且还需要针对顾客不同的服务要求，对菜品制作进行微调，因此没有相对应的规范的制度，是不可能有序完成这些烦琐的工作的。西餐厨房对每个工作人员都有规范操作制度（表3-18）。

表3-18　西餐厨房相关制度表

考勤制度	厨房工作人员上、下班时，必须打卡考勤，严禁代人或委托人代打考勤卡 根据厨房工作需要，加班的厨师留下，不加班的厨师下班后应离开工作地 上班时应坚守工作岗位，不脱岗，不串岗，不准做与工作无关的事，如会客、看书报、下棋、打私人电话等，不得带亲戚朋友到酒店公共场所玩耍、聊天，不得哼唱歌曲、小调 因病需要请假的员工应提前一日向厨师长办理准假手续，并出示医院开出的有效证明，不能提供相关手续或手续不符合规定者，按旷工或早退处理 需请事假的，必须提前一日办理事假手续，经厨师长批准后方有效，未经批准的不得无故脱岗或擅离职守
岗位基本规章制度	按照厨房部门制定的作息时间准时上下班，不迟到早退，不擅自离岗，不串岗 上班时需穿戴整洁、大方、得体的工作服、围裙、工作帽、工作鞋，应在指定位置佩戴工号牌 按正常操作程序进行操作，爱护厨房设备和工具，节约用水、电、油、气，做到不用时即关灯、关闸 上班时间一律不允许做与本职工作无关的私事（如抽烟、吃零食、接打私人电话、玩手机及会客） 严禁在厨房内打架、嬉闹、偷吃、偷拿，浪费原料 严格执行国家规定的卫生标准，对不合格材料严禁加工和销售，对因工作疏忽造成的食物中毒追究当事人责任 自觉养成卫生习惯，保持工作岗位及卫生包干区的环境整洁 厨房员工须服从管理人员安排和调动，认真按规定要求完成各项任务，不得无故拖延和终止工作 厨房为生产重地，未经厨师长同意，严禁非工作人员进入，具体由各区域组长负责执行 厨房工作人员不得在非工作区域内逗留
操作安全制度	厨房员工，要严格按照安全操作规程使用明火及燃气、煤气罐等；特别要注意煤气罐与高温发热的地方一定要保持相当的距离 在点燃炉灶时，应先点燃点火棒，再缓缓打开气阀，点燃苗火。绝不允许先开燃气再点火，避免引发危险 厨师上灶工作时，时刻注意油锅中油温的变化，离开时必须将炉火熄灭并将油锅移离炉口 厨房工作时在端、抬烫的菜肴、汤水时，要注意防止与他人相碰撞，以免烫伤他人或自己 厨房工作人员在使用刀具时，要按正确方法操作，防止砍伤、划伤等，绝不允许拿着刀具与他人嬉戏或打闹 厨房地面经常保持卫生，不允许有积水或油渍等，以防员工滑倒；厨房内的通道要畅通，各种物件要定点定位放置，以防发生意外 厨房工作结束后，操作人员要及时关闭厨房的所有阀门，切断气源、火源、水源和电源后方能离开
食品安全制度	根据酒店厨房生产程序标准，实行烹饪原料先进先出原则，合理使用原料，避免先后程序不分和先入库原料搁置不用的情况发生 未经许可，不得私自制作本酒店供应菜品，杜绝任何原料浪费行为 随时对原料检查，不得使用霉变、有异味等一切变质的烹饪原料 不允许乱拿、乱吃、乱做厨房的一切食品。处理变质原料需经批准，再进行规范处理 严格履行原料进入、原料烹制和菜品供应程序，确保酒店菜品操作流程正常运转，坚持不见单厨房不出菜的原则

知识拓展

社交礼仪——介绍礼仪

现代人要生存、发展，就需要与他人进行必要的沟通，以寻求理解、帮助和支持。介绍是人际交往中与他人进行沟通、增进了解、建立联系的一种最基本、最常规的方式，是人与人进行相互沟通的出发点。

一、自我介绍

（一）自我介绍的形式

自我介绍时应先向对方点头致意，得到回应后再向对方介绍自己的姓名、身份、单位等。自我介绍的具体形式有如下几种。

1 应酬式

适用于某些公共场合和一般性的社交场合，这种自我介绍最为简洁，往往只包括姓名一项即可。介绍姓名时，口齿要清楚，并作必要的说明，如姓李，可以介绍说是“木子李”，如姓章，可以说是“立早章”，这样既听得明确，又便于记忆。

2 工作式

适用于工作场合，它包括本人姓名、供职单位及其部门、职务或从事的具体工作等。

3 交流式

适用于社交活动中，希望与交往对象进一步交流与沟通。它大体应包括介绍者的姓名、工作、籍贯、学历、兴趣及交往对象的某些熟人的关系。

4 礼仪式

适用于讲座、报告、演出、庆典、仪式等一些正规而隆重的场合，包括姓名、单位、职务等，同时还应加入一些适当的谦辞、敬辞。

（二）自我介绍的注意事项

1 注意时间

要抓住时机，在适当的场合进行自我介绍，对方有空闲，而且情绪较好，又有兴趣时，这样就不会打扰对方。自我介绍时还要简洁，尽可能地节省时间，以半分钟左右为佳。为了节省时间，作自我介绍时，还可利用名片、介绍信加以辅助。

2 讲究态度

进行自我介绍，态度一定要自然、友善、亲切、随和。应落落大方，彬彬有礼。既不能唯唯诺诺，又不能虚张声势，轻浮夸张。语气要自然，语速要正常，语音要清晰。

3 真实诚恳

进行自我介绍要实事求是，真实可信，不可自吹自擂，夸大其词。态度要谦虚，如果你担任一定的领导职务，不要在介绍时显示，只要说出在某某单位工作。初次见面过分表现自己容易引起对方的反感。

二、名片礼仪

在双方相识后，可互留名片。互递名片不仅是很好的自我介绍，而且能与对方建立联系，既方便，又体面，但不能滥用，要讲究一定礼仪。否则，会给人留下草率、马虎的印象，忽视不得。

呈名片可在介绍前或交流结束、临别之际，可视具体情况而定。递接名片时最好用双手，除非是对有“左手忌”的国家（如印度、缅甸、泰国、马来西亚、阿拉伯国家及印度尼西亚的许多地区）。名片的正面应朝着对方，如是对外宾，外文一面朝上，字母正面对客方。一般不要伸手向别人讨名片，必须讨名片时应以请求的口气，如“您方便的话，请给我一张名片，以便日后联系。”

接过名片后应点头致谢，并认真地看一遍。最好能将对方的主要职务、身份轻轻读出来，以示尊重。遇到不太清楚的地方马上请教。切忌接过名片一眼不看就收起来，也不要随手摆弄，这样是不礼貌的。应认真收好，让对方感到受重视，受尊敬。放在桌上时，上面不要压任何东西。

在现代涉外活动中，也可以用名片作为简单的礼节性通信往来，表示祝贺、感谢、介绍、辞行、慰问、吊唁等。可以在名片上写上简短的一句话，或送礼、献花时附上一张名片。国际涉外交往中这都是很常见的。

摘自《实用礼仪学》

想一想
练一练

一、项目总结

西餐厨房的日常工作是通过一定的组织形式来实现的。厨房岗位职责就是明确界定厨房员工在厨房组织当中应承担的责任。制定岗位职责，就是对岗位规定工作责任，明确组织关系，提出任职要求，使厨房各岗位员工明确自己在组织中的位置、工作范围、工作任务及权限，知道对谁负责、接受谁的工作督导、同谁在工作上保持相关联系。岗位职责是衡量和评估每个员工工作的依据，是工作中进行沟通和协调的依据，是选择岗位人选的标准和依据，同时还是实现厨房高效率安排工作、高效率从事生产的保证。

走出校门、进入社会的我们最常遇见的就是面试，我们的学历文凭与证书代表着我们过去的知识。我们的行为则表现出我们个人的风度，有时一些不经意间流露出来的小细节往往能够反映出一个人整体的内在素质。细节做好了才能让我们的道路更宽阔。

二、项目练习

（一）判断题

（　）1. 厨房岗位职责是衡量和评估每个员工工作的依据，是工作中进行沟通和协调的依据。

（　）2. 许多餐饮企业都将初加工间设置在建筑物的底层或出入便利、易于排污和较为明显的地方。

（　）3. 厨房工作人员通常应该每半个月修剪一次头发。

（　）4. 在每次操作前应对手部进行清洗保持手部的清洁。

（　）5. 工作时可以适当佩戴首饰，如戒指、手链、手镯等饰物。

（　）6. 严禁在厨房或餐厅将厨师帽拿下或是拿在手中充当扇子使用。

（　）7. 西餐厅中厨师与客人见面的机会是很多的，因此厨师的个人容貌不只是个人形象，同时也代表着餐厅的形象。

（　）8. 站时双手或单手叉腰，往往含有进犯、挑逗之意。

（　）9. 美的仪态使人愿意与之接近，必然受人欢迎、受人尊重，这已经成为企业形象的重要组成部分。

（　）10. 工作服应保持整洁，应勤于更换；如发现破损或纽扣脱落应立刻送洗衣房进行更换。

（　）11. 西餐厨房工作人员可以随意将头发染成任何颜色。

（　）12. 站立时身体晃动，耸肩驼背，脚打拍子，会给人以漫不经心或没有教养的感觉。

（　）13. 介绍某人或为宾客引路指示方向时，用手指来指点，是礼貌的。

（　）14. 语言是人们传递信息和情感、彼此增进了解和友谊的一种方式。

（　）15. 厨房员工应服从管理人员的安排和调动，认真按规定要求完成各项任务，不得无故拖延和终止工作。

（　）16. 含笑是一种程度最浅的笑，它意在表示接受对方，待人友善。其适用范围较为广泛。

(　) 17. 二郎腿，并用双手扣住腿，晃脚尖；或把腿脚架在椅子或沙发扶手上。这些都会显得傲慢无礼、目中无人。

(　) 18. 当手部受外伤或患有皮肤病时应及时换离直接接触食物的操作岗位，等恢复健康后才能再次上岗。

(　) 19. 厨房工作人员工作时必须穿着统一的工作服。

(　) 20. 站立时双臂交叉抱于胸前，会有消极、防御、抗议之嫌。

(　) 21. 环视适用于同时与多人打交道，表示“一视同仁”。

(　) 22. 按照厨房部门制定的作息时间准时上下班，不迟到早退，不擅自离岗，不串岗。

(　) 23. 严禁在厨房内打架、嬉闹、偷吃、偷拿，浪费原料。

(　) 24. 厨房为生产重地，未经厨师长同意，严禁非工作人员进入，具体由各区域组长负责执行。

(　) 25. 行走时步位准确，男士走出的轨迹应在不超过肩宽的两条平行线上。

(　) 26. 西餐厨房男性员工应该每天修面剃须，不留小胡子、大鬓角，保持整洁大方。

(　) 27. 除了面部外还特别要注意颈部及耳后部的清洁。

(　) 28. 岗位职责同时还是实现厨房高效率安排工作、高效率从事生产的保证。

(　) 29. 咖啡厅厨房设备配备相对较齐，生产出品快捷。

(　) 30. 扒房多设有足够的设备和场地，以方便制作和及时出品。

（二）选择题

1. 行政层职务属于酒店管理高层，一般设置：总厨、(　　)。

A. 厨师领班　　B. 厨师主管　　C. 副总厨　　D. 厨师长

2. (　　) 是负责生产制作咖啡厅供应菜肴的场所。

A. 扒房　　B. 咖啡厅厨房　　C. 饼房　　D. 宴会厨房

3. 宴会厅厨房服务于 (　　)。

A. 宴会厅　　B. 咖啡厅　　C. 中餐厅　　D. 零点餐厅

4. 扒房是酒店中的高级西餐厅，(　　) 的西餐厅。

A. 宴会　　B. 零点　　C. 自助　　D. 商务餐

5. (　　) 在人的仪表美中占有举足轻重的地位。

A. 打扮　　B. 服装　　C. 容貌　　D. 装饰

6. 由于厨房工作特殊，油烟较重，一般情况下油性头发 (　　) 洗一次。

A. 一周　　B. 五天　　C. 四天　　D. 每天

7. (　　) 是一种无声的“语言”，传递的个人信息非常直观。

A. 服装　　B. 容貌　　C. 仪态　　D. 装扮

8. 与人告别时，应当先后退 (　　) 步，再转身离去。

A. 一　　B. 五六　　C. 两三　　D. 七八

9.（　　），即直接地注视对方，表示认真、尊重，适用于各种情况。

A．仰视　　B．扫视　　C．直视　　D．俯视

（三）训练活动——个人仪态

1．自我介绍

2．站姿模拟练习

3．行姿模拟练习

4．坐姿模拟练习

5．语言模拟练习

项目四

西餐餐饮服务工作

学习目标

❶ 了解西餐餐具的种类，并能辨识与使用服务餐具。

❷ 了解西餐宴会摆台基本标准，掌握各类西餐宴会餐台布置操作。

❸ 掌握西餐服务工作规范，掌握西餐宴会正确上菜的次序流程。

❹ 通过对西餐服务的学习，形成对西餐专业的认同感和归属感。

项目描述

西餐有着与中餐截然不同的制作过程、摆盘方式、饮食习惯等，学好西餐烹饪，不但需要学习西餐的制作，同时还需要熟悉其饮食习惯，了解西餐就餐等礼仪，才能在西餐领域有所发展。

项目任务

任务一
西餐餐具的种类

吃西餐可能对初学者来说是件很烦琐的事，因为几乎每一道菜都需要用与之相匹配的餐具，而这些餐具不但具有使用价值，有些也是艺术珍品，对于这些餐具的使用也有着较为严格的规定，对于西餐学习者来说，是不能将它们搞错的。

Q1
在西餐餐具中盛菜器皿都有哪些?

一、西餐盛菜器皿

西餐的盛菜器皿除了餐盘之外，还包括沙司盅、调味罐等器皿。

（一）餐盘

餐盘（表4-1）是西餐上菜的盛器，用于盛装冷菜、汤菜及热菜等。

表4-1　西餐餐盘

图片	名称	特点	适用范围
	展示盘／底盘（Place Plate/Show Plate）	直径为30～33厘米	在餐桌上起摆设作用，并具有展示和定位作用，盘上可摆放口布或菜单
	主菜盘（Dinner Plate）	直径为26～29厘米	用于盛装主菜中的热菜菜肴
	沙拉/点心盘（Salad/Dessert Plate）	直径为20～23厘米	可用于盛装沙拉、点心、开胃菜、水果，比主菜盘小
	面包盘（Bread and Butter Plate）	直径约为15厘米	主要用于食客放置面包和黄油，一般服务人员会将其放于底盘的一边
	汤盘（Soup Plate）	直径约为22厘米	主要用于盛装汤菜，也可用于一些汤汁较多的主菜或粮食类，如米饭、面条

续表

图片	名称	特点	适用范围
	汤杯与底盘（Soup Cup）	汤杯容量约260毫升 底盘直径约为15厘米	可用于盛装汤菜或者沙司，一般酥皮汤适合使用
	蛋杯（Egg Cup）	直径约为5厘米	主要早餐时使用，尤其是英式早餐，通常用于盛装水煮蛋
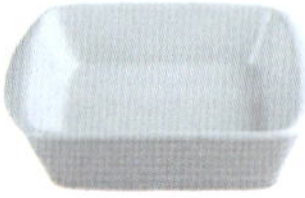	焗烤杯（Ramekin）	有各种形状和大小，材质有瓷制、玻璃等	主要用于盛装烘烤类食物，如蛋类、布丁、焗饭等

（二）其他餐桌器皿（表4-2）

表4-2 其他餐桌器皿

图片	名称	特点	适用范围
	调味罐（Seasoning Tank）	一般直径约4.3厘米，可以有各种材质，如玻璃、不锈钢、陶制等	主要用于盛装盐及胡椒等调味品，置于桌面上供食客自行调节口味
	沙司盅（Sauce Boat）	也称为跟碟，容量大小有180毫升、300毫升、400毫升几种，有瓷制、不锈钢等材质	主要用于盛装各类沙司，常与冷菜或主菜一起上，便于食客根据喜好调节沙司的用量
	蜗牛盘（Snail Plate）	一般有6只或12只两种规格，通常有陶制或不锈钢等材质	常用于焗蜗牛，也可用于盛装蛤蜊等带壳菜肴
	面包篮（Bread Basket）	有各种大小规格，多为竹制的，使用时常在底部垫上白色口布	用于盛装面包，可置于餐桌上由食客自行取用，也可以由服务员端于食客前，由食客选取

续表

图片	名称	特点	适用范围
	双层点心盘（Two Tiers Tray）	一般由直径分别为13.5厘米、17.5厘米、20厘米的两层或三层盘子组成，通常为不锈钢等材质	主要用于宴会或下午茶，可盛装不同种类的点心

Q2
在西餐中
都有哪些用餐工具？

二、西餐用餐工具

西餐与中餐最大的不同在于用餐工具，通常中餐使用筷子，通常是一筷到底，而西餐使用刀叉，且对不同菜肴，刀叉要求也有不同。

（一）西餐餐刀（表4-3）

表4-3　西餐餐刀

名称	特点	适用范围
餐刀（Dinner Knife）	又称大号餐刀、大餐叉，单面有锯齿，全长约23厘米	主要用于切分和食用主菜，使用最广泛
牛排刀（Steak Knife）	刀尖锐利，刀刃两面有明显锯齿，全长约22厘米	食用牛排时专用于切割牛排
鱼刀（Fish Knife）	全长约21厘米，刀刃无明显锯齿	主要用于食用鱼、海鲜贝类等菜肴，特别是全鱼或以鱼为主菜的菜式
黄油刀（Butter Knife）	全长15厘米	用于刮、切黄油或涂抹果酱等用，通常配于黄油盘上
蛋糕刀（Cake Knife）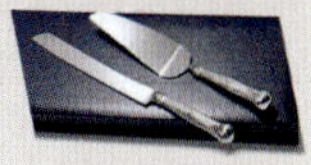	全长约28厘米	主要用来切分甜品或蛋糕
水果刀（Fruit Knife）	全长约18厘米	主要用来切分食用水果

续表

名称	特点	适用范围
干酪刀 （Cheese Knife） 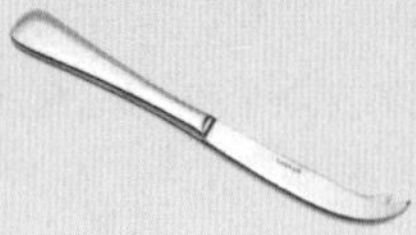	全长约18厘米	主要用于切干酪

（二）西餐餐叉（表4-4）

表4-4　西餐餐叉

名称	特点	适用范围
餐叉 （Dinner Fork） 	又称大号叉，全长约23厘米	与大餐刀配合，可用于主菜；与大汤匙配合，可用于面食类，在以蔬菜或蛋为主的菜中可单独使用
鱼叉 （Fish Fork） 	全长约19厘米	配合鱼刀使用
水果叉 （Fruit Fork） 	全长约16厘米	主要用于叉取食用水果、甜品类
生蚝叉 （Oyster Fork） 	全长约14厘米	专用于挑、食生蚝肉，其叉形比较特殊

（三）西餐餐匙（表4-5）

表4-5　西餐餐匙

名称	特点	适用范围
大餐匙 （Table Spoon） 	全长约18厘米	又称大圆汤匙，主要在食用汤类时使用或作为服务匙用

续表

名称	特点	适用范围
圆汤匙 （Soup Spoon） 	全长约18厘米	一般食用汤盘装盛的汤类时使用
茶／咖啡匙 （Tea / Coffee Spoon） 	全长约14厘米	饮用茶、咖啡等饮料时用于糖、奶精的搅拌
长匙 （Long Drink Spoon） 	全长19~20厘米，匙柄较长	主要在食用冰茶、圣代冰淇淋时使用
冰淇淋匙 （Ice Cream Spoon） 	全长约13厘米，为前端平齐的平匙	食用冰淇淋专用匙
葡萄柚匙 （Grapefruit Spoon） 	全长约16厘米	前端匙缘呈锯齿状，为食用葡萄柚专用匙

Q3
在西餐餐具中都有哪些杯具?

三、饮料器具

（一）咖啡器具与茶具

西方人对于咖啡与茶也有着独有的喜好，在西式的服务中服务人员也不能忽略对咖啡器具及茶具的认知（表4-6）。

表4-6　咖啡器具与茶具

图片	名称及特点
	咖啡壶（Coffee Pot） 一般容量约1200毫升，主要用于盛装咖啡，与茶壶的明显区别在于壶嘴较细长
	茶壶（Tea Pot） 一般容量约800毫升，主要用于盛装茶水，与咖啡壶的明显区别在于壶嘴较短，常用于英式下午茶

续表

图片	名称及特点
	咖啡杯（Coffee Cup） 一般容量约210毫升，配有直径约为15厘米的底盘，用于盛装咖啡，通常杯身较直
	浓缩咖啡杯（Demitasse Coffee Cup） 一般容量约100毫升，配有直径约为13厘米的底盘，用于浓缩咖啡，如意式咖啡
	茶杯（Tea Cup） 一般容量约220毫升，配有直径约为15厘米的底盘，用于盛装茶水，与咖啡杯的区别在于杯身有一定弧度，常与茶壶一起配套出现于下午茶中
	糖盅（Sugar Bowl） 一般容量约250毫升，盛装砂糖或糖包，常放置于餐桌上供食客自行取用
	奶盅（Creamer） 一般容量约200毫升，盛装牛奶、鲜奶油，一般会与咖啡或茶一起上桌

（二）饮料杯与酒杯

在西方的餐饮文化中对酒的饮用要求非常讲究，通常会规定不同的酒配置不同的酒杯（表4-7），这与酒饮用的温度等因素有关。

表4-7 饮料杯与酒杯

图片	名称	特点	适用范围
	水杯 （Water Glass）	形状不拘，方便使用即可，一般容量为8～10盎司	通常是盛装冰水用，是最常见的杯具

续表

图片	名称	特点	适用范围
	红葡萄酒杯（Red Wine Glass）	杯口微向内缩、杯身多为素面，容量为6.5～18.5盎司	盛装红葡萄酒用，红葡萄酒杯杯体略大于白葡萄酒杯
	白葡萄酒杯（White Wine Glass）	杯口微向内缩、杯身多为素面，容量为4.5～6.5盎司	盛装白葡萄酒用，白葡萄酒杯略小于红葡萄酒杯
	香槟酒杯（Champagne Glass）	容量为3.5～5.5盎司或5.5～7.5盎司	香槟酒专用杯
	鸡尾酒杯（Cocktail Glass）	容量为4.5~7.5盎司	杯身呈倒三角形的浅身宽口高脚杯，适合装各种使用摇和法与调和法的鸡尾酒
	白兰地酒杯（Brandy Sniffer）	容量为5.5~16盎司	盛装白兰地酒专用，杯身大、杯口窄的球形高脚杯
	利口酒杯（Liqueur Glass）	又称为甜酒杯，容量为1～6盎司	用来装饮各式的甜酒
	爱尔兰咖啡杯（Irish Glass）	容量约8盎司	以经过特殊处理的强化玻璃制成，耐火燃烧，可使用于酒精灯上加热,是爱尔兰咖啡的专用杯

续表

图片	名称	特点	适用范围
	古典酒杯（Old Fashioned Glass）	容量约5盎司	用于放冰块型鸡尾酒或纯饮威士忌
	柯林杯（Collins Glass）	容量约1盎司	盛装柯林型鸡尾酒，碳酸饮料及无酒精性冷饮皆可使用
	啤酒杯（Beer Glass）	容量为8～12盎司	盛装啤酒类使用的酒杯，有各式不同造型

（三）特殊用途玻璃器皿

西餐除了饮料和酒会使用玻璃杯类的器皿外，还有一些特殊用途的玻璃器皿（图4-1）。

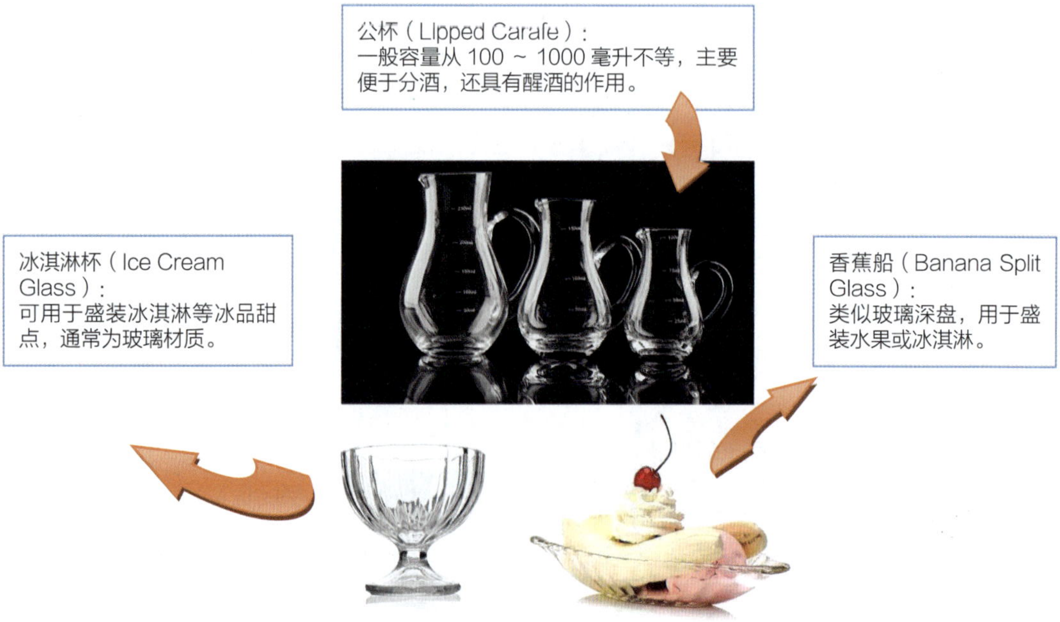

图4-1 特殊用途的玻璃器皿

知识拓展

玻璃器皿的清洁与保养

晶莹剔透的玻璃制品兼具了实用性及观赏性，明亮夺目的外观不仅提升了产品的附加价值，对于餐厅气氛的营造也非常有帮助。这些特性让玻璃器皿成了餐厅的必备品，但如何照料这些娇滴滴的器皿却是一门大学问。

清洗前应先注意玻璃杯上是否留有口红印或是其他附着物，若有可先以人工方式去除，因为一般洗涤机器可能不易洗掉。

1 减少碰撞，降低破损机会

减少撞击是保护玻璃器皿的首要原则，也许稍微的碰撞一开始看不出裂痕，但是玻璃本身已受到折损，当再受到碰撞时，即香消玉殒。另外，瞬间的热胀冷缩也极可能导致玻璃破裂，不但耗损了器皿，也可能让工作人员受伤，因此备有充足的玻璃杯，让刚经热温烘干的玻璃器皿有足够的时间冷却下来、远离高温处，都可降低意外的发生率。

2 采用“层叠、倒置方式”存放

如同陶瓷类的餐盘器皿一般，规划良好的洗涤区及贮放区是减少碰撞造成破损的方法之一。存放玻璃器皿时，把玻璃杯架叠倒置，每层以硬板隔开，不但可以收藏更多，且不会伤及玻璃杯，排放时采用杯口朝下方式，可防止灰尘堆积。

3 避免手纹、水痕产生

玻璃器皿可以利用洗碗机、洗杯机或是以人工作业的方式洗涤干净，最重要的是要减少清洗、擦拭过程中所产生的手纹及水痕。以空气风干玻璃器皿较以棉质毛巾擦干有效率，且不易遗留与毛巾接触产生的棉丝。

4 醋水混合液，让玻璃恢复明亮

玻璃器皿经过多次的使用，表面会产生一层蒙蒙的薄雾，这可能是硬水的矿物质或是食物中蛋白质与清洁剂混合的残留物，洗涤时刷久一点或是使用特定的清洁剂可以将它洗净去除，或是以醋与水1∶3比例的混合溶液洗涤，可以还原亮晶晶的玻璃表面。

摘自《餐饮器皿设备认识与维护》

项目任务

任务二
西餐摆台

西餐厅在正式开门营业前需要服务员做好一些必要的服务准备，这些准备工作除了可以提升服务品质，使开始服务之时更加地流畅、有效率之外，还可以美化餐桌，为餐厅的用餐气氛增添美感。

Q1
怎么又快又好地铺设西餐餐桌桌布？

一、餐桌桌布的铺设

（一）桌布的铺设

桌布的铺设目的：降低餐桌摆设时所产生的摩擦导致难听的声响，美化餐桌，增进用餐气氛。

1. 餐桌准备流程

西餐厅中餐桌是不可缺少的，餐桌的大小直接影响顾客就餐的舒适度和空间效果，西餐厅使用方桌较为普遍，常用规格为90厘米×90厘米，高度为75厘米，适用于2～4人用餐，方桌还可根据食客要求拼接成长方形，也可拼接后用于西餐的宴会中。圆桌近年来在西餐厅逐步流行，一般选用直径为120～150厘米的桌面，但相对来说没有方桌使用灵活，对于就餐区域较小的餐厅须慎用。无论是什么形状的餐桌，在布置桌面前都需要进行规范的准备工作（图4-2）。

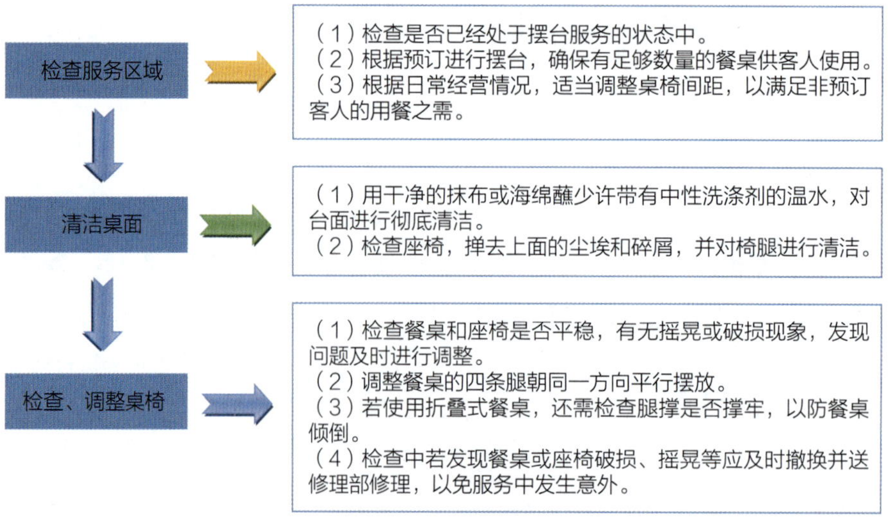

图4-2 餐桌准备流程

2. 台布的选择

在餐台铺设中，台布的选择是一个非常重要的因素，因为台布的颜色、尺寸大小会直接影响餐厅的风格及食客的情绪。

传统的台布以白色为主，白色代表着庄严、稳重，而且白色属于百搭色，可以搭配各种风格的餐厅，适宜各种场合。随着人们追求个性的发展，餐厅在台布的颜色选择上也有了很大的突破，很多传统不会选择的色彩被运用到餐厅中，如大红、枣红、橘黄、墨绿、紫色、浅蓝等，甚至是一些蓝白、红白等格子图案的台布。无论选择何种色彩，必须与餐厅的设计相吻合，并能烘托餐厅气氛，丰富餐台的色彩，提高餐厅档次，给人们美的享受，创造出良好的餐饮氛围。

台布的尺寸大小与餐台设计有十分密切的关系，台布尺寸过小、过大都会影响到整个台面的铺设质量，甚至会影响到客人就餐时的舒适程度，因此台布大小一般要求在铺设完成后，四角、四边下垂的距离相等，四边下垂的台布正好接触椅面。

3. 桌布铺设

桌布的铺设对餐饮的服务人员来说是既能体现餐厅服务质量，又能展示个人职业技能水平的一个方面。铺设方法得当，动作干脆利落，不但能提高工作效率，而且还能给人以美的享受。桌布的铺设方法有一定的规范动作（图4-3）。

（1）站立于桌边一方的中央处，将桌布置于桌面左侧上，桌布多折叠层应向上，开口向右，桌布开口处以桌面中心线为轴对齐。

（2）以左手将桌布上层朝左边方向摊开。

（3）再以右手将第二层桌布朝右边方向拉开，并使得桌布中间折线刚好置于桌面中线处。

（4）双手拉起靠近身体处的桌布开口，以拇指和食指夹紧最上层，食指和中指夹住第二层，再将双手撑张开与桌面同宽。

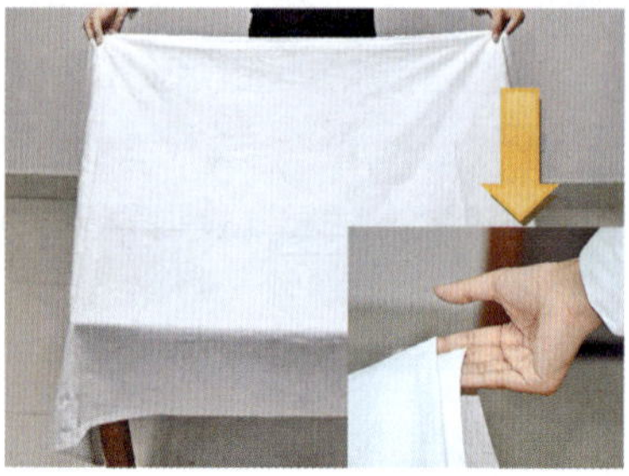

（5）双手将桌布的底层往前抛出至前端桌边（约下垂30厘米），再将上层的桌布松开，以食指和中指夹住桌布继而往后拉回盖覆。

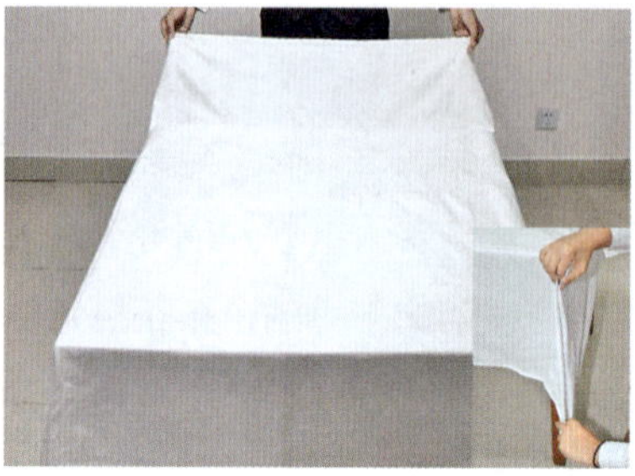

（6）将桌布作一调整，十字中心点对正中央，四角垂落的桌布长度一致；座位定位对齐，垂落的桌布下缘与椅面切齐。

图4-3　桌布铺设方法

（二）桌布更换

更换桌布通常是发生在餐厅营业时，当一桌食客结账离开后，迎接下一批食客前，此时周围还有其他食客在就餐，因此在操作时必须避免有嘈杂的声音，同时要求更换时不露出桌面，一次完成，动作敏捷而优雅。

在更换桌布前首先需要将餐桌上所有物品以托盘移至服务桌上，然后择取适用的干净桌布，放置于椅背上，服务人员站立于更换桌布方桌一边的中央处开始更换桌布（图4-4）。

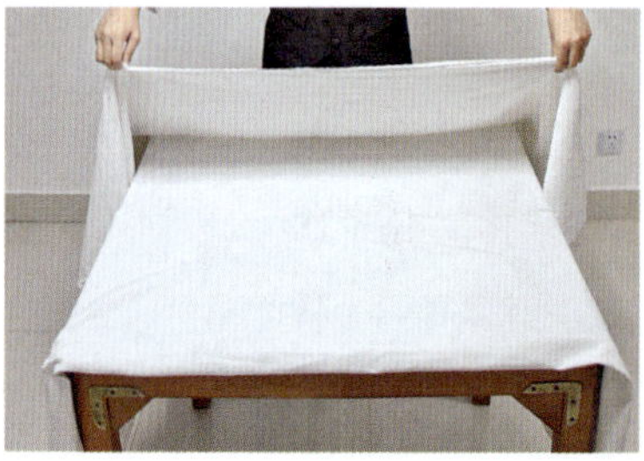

（1）上身前倾，双手伸至对面桌缘两侧，提起前端下垂桌布，将之往后拉起至桌面上，使桌布布边与桌缘等齐（不可露出桌面）；自己这一端的桌布，也提起至与桌缘等齐。

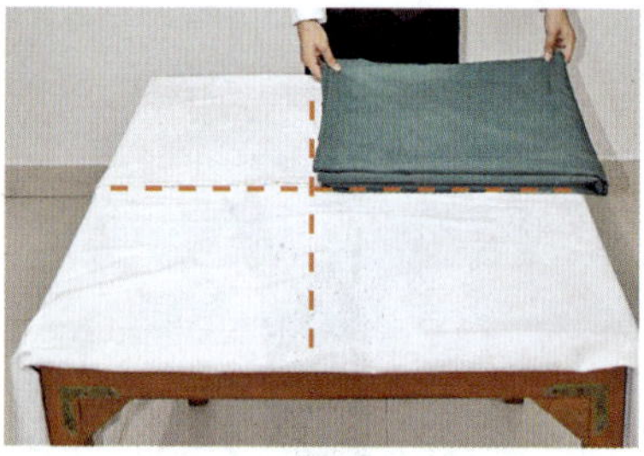

（2）放上干净的桌布，置于靠自己的桌缘，中线居中间处。

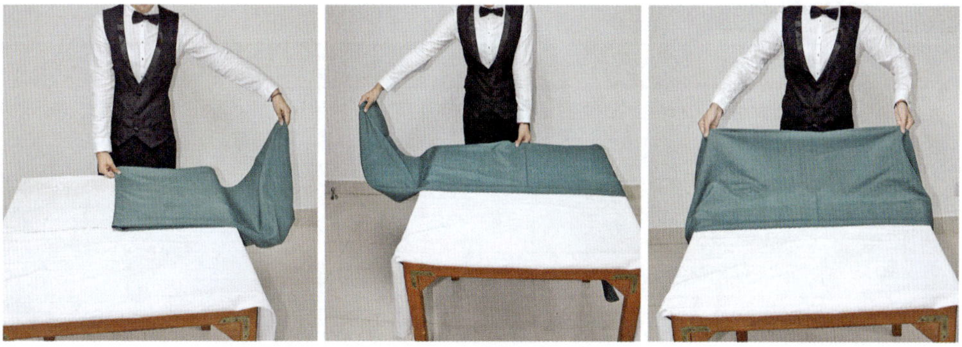

（3）以铺桌布的左右展开方式操作，抛展出桌布的底层。

（4）松开上层桌布的拇指及食指后，以中名指、无指夹取下层的脏桌布，同时将干净与脏的桌布向上提起拉回，后拉至干净桌布覆盖好桌面。

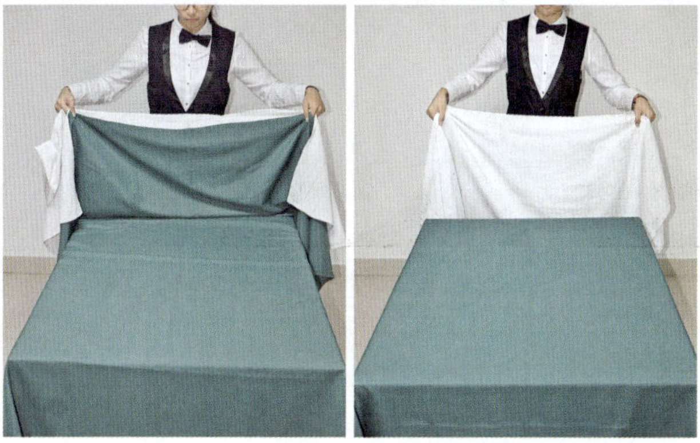

（5）放开食指与中指，并顺势抽拉出下层的脏桌布。将脏桌布略作折叠整理后，放置于椅背上。最后再检查调整桌布（平顺整齐），将物品、椅子归回原位，并将脏桌布取至待放处送洗衣房。

图4-4　桌布更换方法

Q2

众多的西餐餐具是如何摆放的？

二、餐桌餐具的摆设

餐桌餐具的摆设是餐桌上供给食客使用的餐具摆放的状态。它也是在食客就餐前由服务人员准备就绪的，其工作内容包括餐具的排列、口布的折叠、调味品的放置等。西餐餐具的摆放受西餐菜式不同而异，但总体原则是以盘碟作为定位，再以此由内往外、由下而上的方向摆设，餐具在摆放上也有固定的模式（表4-8）。

表4-8 西餐餐具摆设通则

摆放位置		要领说明
餐盘右侧摆设	刀类餐具	刀刃朝餐盘，根据上菜顺序刀类餐具由外侧向内开始使用起，而摆设时由最内侧向外依次摆放（黄油刀除外）
	汤匙	匙面朝上，摆设的位置通常在餐刀的外侧
	水杯	水杯置于餐刀的正上方
	酒杯	酒杯依使用顺序摆放于水杯的右下方，呈一斜直线排列
餐盘左侧摆设	叉类餐具	叉齿朝上放，根据上菜顺序叉类餐具由外侧向内开始使用，而摆设时由最内侧向外依次摆放
	面包碟	面包碟置于餐叉的左侧，盘边缘与左侧叉齿上端对齐
	黄油刀	黄油刀刀刃朝左，放置于面包碟上，与餐叉平行
餐盘前侧摆设	点心叉	点心叉叉齿朝上，叉柄朝左横放于餐盘前
	点心匙	点心匙凹面朝上，匙柄朝右横放于点心叉前

（一）法式餐桌的摆设

法式菜肴的服务内容通常包括汤、主菜、甜点及饮料等。其服务特点是由服务人员手推现场烹调手推车至顾客面前，并完成最后的烹调程序，包括负责切割与装盘后端送给食客享用，所以法式服务也习惯称为手推车服务。法式菜肴的餐桌摆设是最为讲究的（图4-5）。

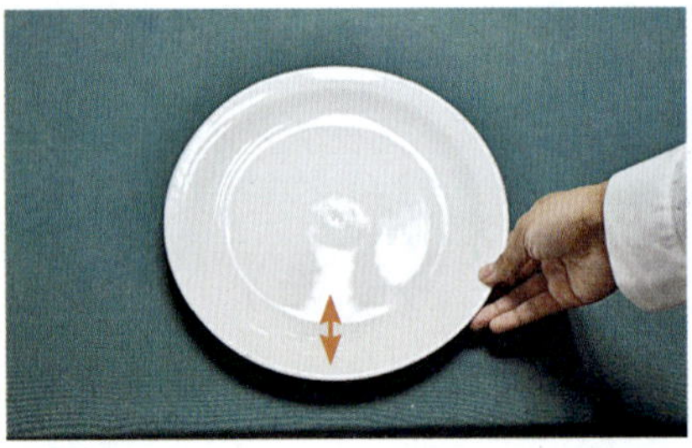

（1）摆放底盘（菜肴垫底的用盘）或展示盘（美观展示用），放置于每个座位餐桌前的正中央，且盘边缘距桌边约2厘米距离。

（2）将折叠成形的口布置放于展示盘上。（口布折花的大小，应注意以不超出盘面为原则）。

（3）餐叉置于展示盘的左侧，叉齿面朝上，叉柄末端与展示盘下端对齐。

（4）餐刀与汤匙置放于展示盘的右侧。刀刃朝左与餐叉平行而置；汤匙凹面朝上，放于餐刀的右侧并与餐刀平行。

（5）面包盘摆放于餐叉左侧，将黄油刀置于盘碟上，靠右侧约1／3处的位置。

（6）点心叉及甜点匙横置于展示盘的上端中间处。点心叉握柄朝左，靠近展示盘摆放；点心匙握柄朝右，置于上方。

（7）饮料杯、酒杯放置于餐刀上方（杯口朝上）；若杯子有两个以上时，以向右侧斜下约呈45度角的直线方式排列。

图4-5　法式餐桌摆设方法

（二）美式餐桌的摆设

美式菜肴的服务内容包括主菜、面包与奶油、沙拉、小菜及咖啡饮料等。与法式服务不同的是美式服务融合了各种服务方式，属于混合式服务，也被称为盘式服务。其餐具摆放有自身的特点（图4-6）。

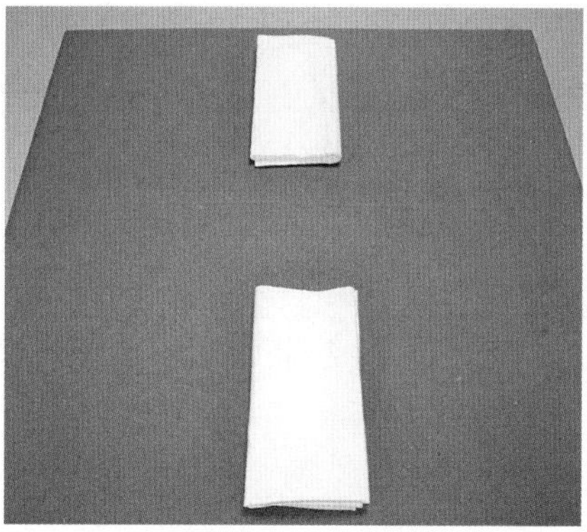

（1）将折叠成形的口布置放于餐桌的正中央，形成桌垫（防止餐具滑动，降低餐具与桌面撞击声），其末端距离餐桌边缘约1厘米。

（2）餐叉置于口布左侧，叉齿面朝上，叉柄末端距离餐桌边缘2厘米。

（3）餐刀及汤匙、茶匙各一把，置放于口布右侧。刀口朝左，依餐刀、汤匙、茶匙的顺序排列，刀柄、匙柄据餐桌边缘2厘米。

（4）面包碟摆放于餐叉上方约2厘米处；黄油刀横置于面包碟上端，与其他餐具平行而置。

图4-6　美式餐桌摆设方法

Q3
在高雅的西餐厅中，服务工作是如何展开的？

三、西餐服务工作

西餐服务在西餐餐饮中是一项不可缺少的工作，西餐厨师制作的菜肴需要服务人员通过周到、细致的服务传送给食客，流畅的服务技巧以及专业的素养是服务人员必备的。西餐的服务工作除餐桌布台等外，还有许多工作，如预约订席、迎宾等。

（一）服务前的工作程序

服务前的工作程序，包括餐厅营业前对周遭环境的清洁、检视、维修，以及清埋与准备工作，其中可归纳为预约订席、整洁维护、服务准备与餐前服务会议等流程（图4-7）。

1. 预约订席

预约订席的途径通常有电话、信函或亲自订席等几种形式。服务人员在接待订席咨询时，必须亲切有礼，确定并详细记录客人的基本资料，包括宴会日期、时间、场地、性质、人数、菜单、联系方式甚至是付款方式等事项，便于餐厅合理安排相关工作。

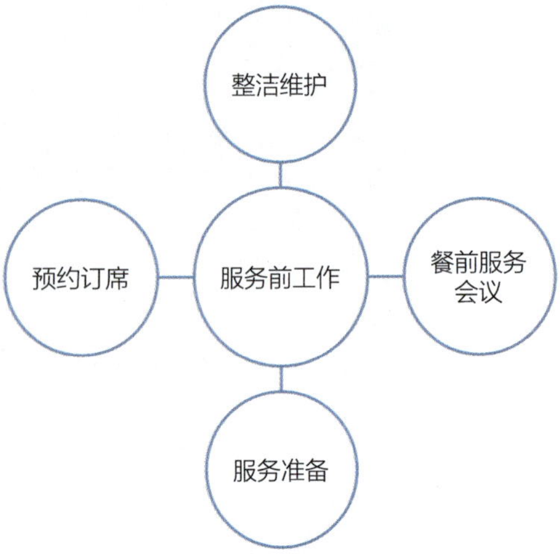

图4-7　服务前工作构成

2. 整洁维护

整洁维护包含了场地环境区域、设施以及餐饮器皿等的清洁维护与检视，尤其是餐具的卫生检查工作，虽然餐具的清洁由清洁部门负责，但服务人员必须在餐具上桌前进行检查。

3. 服务准备

服务准备泛指餐桌的摆设，包括桌布的铺设、餐桌椅的定位、餐具的排列、口布的折叠等，还包括服务柜、各式推车的补充整理、餐桌座位的规划等。

4. 餐前服务会议

当餐厅服务准备工作完成后，各阶层的服务人员需要集合，由服务部门主管等进行例行检查，并进行开餐前服务会议，在会议中需要落实当日服务的主要事项，处理食客服务投诉意见等相关事宜。

（二）西餐服务流程

虽然西餐的餐桌服务方式种类众多，但基本流程是相同的，主要包括迎宾问候、带位入座、倒水服务等（图4-8）。

图4-8　西餐服务流程

1. 迎宾问候

服务人员是食客形成第一印象的一线人物，所以除了在进行餐前会议时要充分了解预约订席的宾客大致情况外，领桌员在营业前对服务资料的翻阅、熟记也是服务的要点。

迎宾时必须以诚挚的态度招呼问候食客，同时应该合理调用餐桌的配置状况，引导服务客人、安排座位，帮助安置客人随身物品，如外衣、背包等。

2. 带位入座

服务人员在迎接食客并引导食客入位时，必须配合客人走路的速度，略超前食客几步来带领；引导过程中，还需随时注意食客行进的安全。带位至就餐餐桌之后，除非食客另有选择要求，否则不应任意变换餐桌，以避免影响其他顾客的用餐。

当食客到达餐桌位后，服务人员应帮忙拉开椅子，请客人入座，并帮忙往前轻推座位，调节餐桌与椅子的合适距离。西餐服务整个过程中都应该注意的一点是服务对象的顺序，应该以女士、年长者优先，先为其拉开椅子使其就座。

通常在食客都坐定后，服务人员由桌面取下口布，为宾客摊开口布，轻轻地铺放于客人膝上，但不能触及客人的身体，双手尽量只接触到口布边沿，且口布的开口、商标或者饭店名称标示面应正面朝上。

3. 倒水服务

为食客完成入座服务后，服务人员紧接着会招呼冰水服务，期间应注意几点服务事项。

（1）水壶的检查　水壶必须干净、无缺损；水壶内的水量必须充足、水温必须适中。

（2）水壶的持拿　左手以折成长方形的服务巾垫于水壶底部，右手持扶水壶的扶手。

（3）倒水的服务　站于顾客右侧，再以水壶近水杯口处缓缓注入七至八分满，为了避免倒出的水花四溅，通常会在杯口缘处遮以服务巾。

（4）倒水的原则　每倒完服务好一位客人后，应以垫壶下的服务巾来擦拭壶嘴周围，而后再紧接着为下一位宾客服务。

4. 开胃饮料服务

开胃饮料的提供通常是由客人主动提出，或者是透过服务员的主动推荐，一般服务人员在食客就餐前会询问并建议客人先来一杯餐前的开胃饮料，因为开胃饮料可以刺激味蕾、增加食欲，西餐中常用作开胃酒的有雪利酒、波特酒、金巴利、苦艾酒等低度酒。

（1）接受点酒时，服务人员应于客人的右侧接受点叫、依次询问服务，并填写饮料单，以及桌号、客数、日期、品名、单价的确认。

（2）服务员在向食客复述、确认酒单无误后，将饮料单送至相关岗位，通常饮料单为一式三联，其中第一联是吧台联，送交吧台，便于吧台提供准备饮料服务。第二联为出纳联，留存于出纳处，以供核计；第三联为顾客联，通常在点单后会将此单置于服务柜或食客桌上，留待核对饮料用。

（3）一般饮料上座时的放置处，应为在水杯位置右斜下方，即约45度角处；如果是没有放置服务盘的餐桌摆设，应将开胃饮料直接置于客人正前方。

（4）当客人开胃饮料饮用完毕，并表示不需追加时，服务员即可将酒杯由客人右侧撤回。

5. 菜单呈送

呈送菜单时，仍像所有的用餐程序一样，以最不打扰到食客的方式，由右侧呈送，原则上每一位食客都应有一份菜单。在食客看菜单的时候，服务人员通常是不可以打扰食客挑选菜肴的，除非食客要求服务人员对特色菜肴作推荐，或需要解释不清楚的地方。

（1）菜单是厨房与食客沟通的桥梁，一份菜单应具有完整、清楚易懂、美观的特点，也就是应具备完整品名、配料、价格及图片的说明等几个要素。菜单的种类依不同的性质可有不同的划分方式。根据供应餐食方式的不同分为：套餐菜单、固定菜单、单点菜单、综合菜单、自助餐菜单；根据使用周期方式的不同分为：固定菜单、循环菜单、季节菜单、当日特餐；根据供应餐食时间的不同分为：早餐菜单、午餐菜单、晚餐菜单。

（2）西式菜单的排列原则通常是依据上菜先后的顺序，可分冷开胃菜（Cold Appetizer）、汤类（Soup）、热开胃菜（Hot Appetizer）、主菜（Main Course）、沙拉（Salad）、干酪（Cheese）、点心（Dessert）、饮料（Beverage）等。

（3）当食客向服务人员示意可开始点菜时，服务人员应立即上前接受点菜。西餐点菜通常是各点各的，所以在服务时除了可依客人的需求，建议适合的口味选择外，在填写菜单时，对于每位客人的点餐项，也应当逐一询问清楚，如食材的部位、烹饪方式、生熟程度、佐料口味等的需求；点菜完成后必须向食客复述一遍菜单，进行确认。

（4）由于西餐用餐的特殊性，在订单的填写上也有一些特别之处，订单的填写可以有两种方式：一种是将食客点的菜肴先写在小纸片上，然后再抄到订单上交给厨房；第二种是服务人员直接将菜肴名称写在订单上，现代化的点单服务也可采用电子点单。无论采用何种方式，订单都必须书写准确，字迹清楚，便于自己对客人服务，也有利于厨房的厨师按照订单准确制作食品。

为了提高服务效率，有些餐厅会将一些菜肴的名称编成餐厅服务员和厨师都很熟悉的缩写。

6. 递送酒单及点酒服务

点菜确定后，即可由葡萄酒服务员、领班或服务员将酒单展示给宾客，以依据先前所点的菜肴选择搭配的饮料。而在递送酒单的同时为客人作酒单内容的解说，依据餐食的选定、特性以及客人的喜好，建议饮料的搭配饮用顺序等。当点选完毕，确认无误后，服务员应将点菜单及饮料单递送出纳处分别打上时间、日期，并请出纳员签名确认，第一联送交厨房进单备餐，或吧台进单取饮料；第二联置于出纳处核计餐酒费；第三联夹单置于服务柜或餐桌上，以待核对用。

知识拓展

中式餐桌餐具摆设

1 骨盘

骨盘主要作为装置个人菜肴的盛器。中餐骨盘可用于定位，因此为最先摆放的餐具；其实用的尺寸规格为 7 寸型，另外还有 6 寸、8 寸型等。摆放骨盘的主要原则如下。

（1）骨盘应摆于餐位的正中央处。（持拿骨盘时应以拇指扣住盘边，其余手指置于盘底。切忌将拇指伸于盘内。）

（2）盘缘应离桌缘两指宽（视实际空间大小而定）。

（3）同桌所有骨盘间距必须相等。

2 味碟

味碟摆置于骨盘正上方约为 2 厘米处。

3 筷架与筷子

放筷架的目的在于提供筷子的固定位置，保持卫生且避免弄脏桌布。

（1）筷架应横放，置于味碟右方。

（2）筷子应成双套上筷套（若无筷套时，注意筷子应成双、并拢、等齐摆放）。

（3）筷子以尖端朝上，摆置于筷架正中央，且底端应离桌缘约一指宽与骨盘齐。

4 汤匙与汤匙座

（1）在未供应汤匙座的情况时，可直接将汤匙以匙口面朝下斜置于骨盘右侧内，匙柄朝右露出于桌面即可。适用于小吃桌形态。

（2）在未供应汤匙座但供有小汤碗的情况时，则直接将汤匙置放在小汤碗中（此时的汤碗多置于骨盘的左前上方），匙柄朝左以便于持拿辅佐筷子进食。

（3）在供有汤匙座的情况时（汤匙与汤匙座成套），其摆放的位置为横置于骨盘的正上方（约于骨盘与味碟间），汤匙柄朝右。适用于小吃、宴席桌形式。

（4）汤匙座与筷架相连成体的情况，汤匙直放于成体架的左侧匙位上（即筷架左侧），平行于筷子而置。

5 水杯

中餐厅的水杯主要用来装盛饮料，其摆放的位置多于骨盘的右侧或右上方（摆置时手持杯底或杯脚处）。

6 汤碗

汤碗的摆放位置一般为骨盘左前上方。

7 小酒杯

中餐厅餐桌摆放的酒杯以小酒杯较多，且通常会借由公杯或酒壶提供服务，所以此类的酒杯一般以聚集摆放转台两边的方式，沿桌边顺着弧形排列。（公杯放置于酒杯的右侧，把手朝右）。

摘自《餐旅服务学术科教手册》

项目任务

任务三
西餐酒水服务

西餐的餐饮习惯中酒水是必不可少，且是非常重要的，其中葡萄酒是西餐热菜菜肴必不可少的佐酒。而餐桌前的葡萄酒服务是非常有技巧性的，通常在提供各类酒精饮品的西餐厅中，葡萄酒依据品种而服务步骤会略有不同，但每一道服务操作必须是为了让宾客能更好地品饮葡萄酒。

一、红葡萄酒的服务

红葡萄酒俗称红酒，红葡萄酒中含有较多的单宁，并且在贮存过程中会产生沉淀物，因此在饮用红葡萄酒前需要有充足的时间进行醒酒，让酒与空气接触，一方面是通过静置将沉淀物去除；另一方面红葡萄酒与空气中的氧接触，单宁氧化，增加了红葡萄酒的口感及果味，同时在醒酒过程中还可以使酿酒过程中的残留的二氧化硫挥发。红葡萄酒的酒水服务主要有点单、准备、验酒等服务过程（图4-9）。

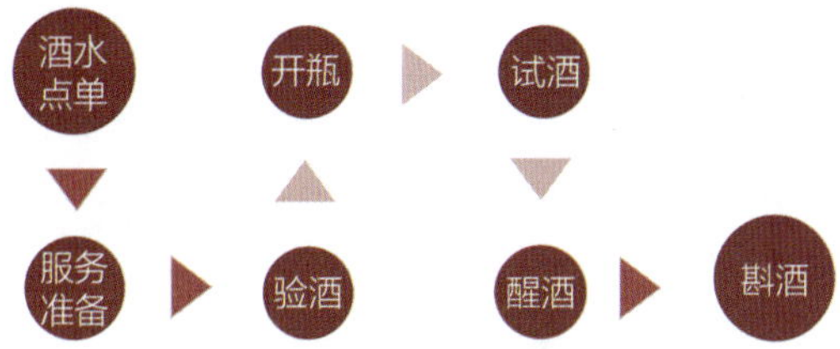

图4-9　红葡萄酒的服务过程

1. 酒水点单

（1）检查酒水单是否干净、完整；

（2）在顾客面前将酒水单打开，递给顾客；

（3）回答顾客酒水单中红葡萄酒的相关问题；

（4）询问顾客的首选红葡萄酒，需要时给予选择建议；

（5）顾客点单后，与顾客再次核实所点酒的名称、规格、数量等信息；

（6）确认信息后下单。

2. 服务准备

（1）从酒柜中取出顾客需要的酒；

（2）将酒瓶擦拭干净，交检查酒瓶、标签、瓶口是否完整无损；

（3）将酒、醒酒壶、酒杯、蜡烛、小碟子、服务餐巾放在服务推车上。

3. 验酒

（1）将酒杯、小碟子在餐桌上布置好；

（2）右手握住瓶颈、左手垫服务餐巾托瓶底；

（3）将红葡萄酒的酒标面向顾客展示；

（4）与顾客确认酒名、产地、年份、等级等信息并确保正确无误。

4. 开瓶

（1）用开瓶器将瓶口的锡箔封签割开，去除封签；

（2）用服务餐巾擦拭瓶口木塞顶部；

（3）将开瓶器的钻头对准酒塞中心钻入，轻轻将酒塞拔出，动作要稳，瓶身不可转动或晃动；

（4）将酒塞摆放在小碟子内，供宾客检验；

（5）再次用服务餐巾擦拭瓶口。

5. 试酒

（1）先在杯中倒入10毫升左右的酒；

（2）将杯子递给顾客，请顾客查看酒色、闻香气、尝酒味；

（3）等待顾客确认红葡萄酒的质量。

6. 醒酒

（1）将烛台中的蜡烛点燃；

（2）左手取醒酒壶，右手持酒瓶；

（3）在烛光的上端，将葡萄酒缓慢倒入醒酒壶中；

（4）空酒瓶酒标保持朝向顾客。

7. 斟酒

（1）右手持醒酒壶、左手拿服务餐巾；

（2）在宾客右侧进行斟酒，通常酒至酒杯肚的最宽处；

（3）以服务餐巾及时擦拭壶口；

（4）按顺时针方向进行斟酒服务，女士优先，再服务男宾；

（5）每一杯的斟酒量保持一致；

（6）最后询问宾客是否要撤走酒瓶、酒塞。

二、白葡萄酒服务

白葡萄酒由于酿造过程中是将葡萄去皮后酿造，因此白葡萄酒中单宁较少，饮用时不需要醒酒，但是在饮用白葡萄酒前通常需要冷藏或冰镇，通常以4～5℃的温度是白葡萄酒的最佳饮用温度，此时白葡萄酒会呈现出最佳的风味。白葡萄酒的酒水服务主要有点单、准备、验酒等服务过程（图4-10）。

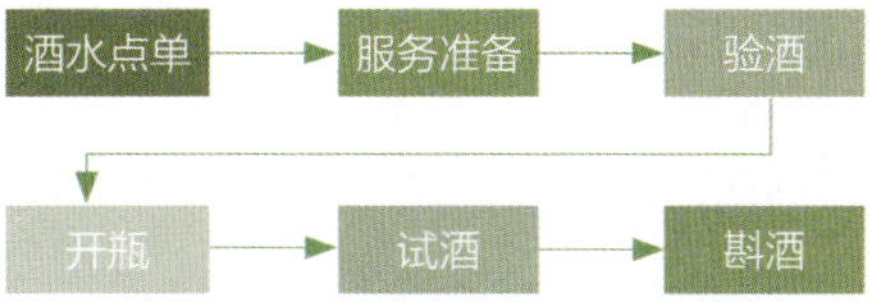

图4-10　白葡萄酒服务过程

1. 酒水点单

（1）检查酒水单是否干净、完整；

（2）在顾客面前将酒水单打开，递给顾客；

（3）回答顾客酒水单中白葡萄酒的相关问题；

（4）询问顾客的首选白葡萄酒，需要时给予选择建议；

（5）顾客点单后，与顾客再次核实所点酒的名称、规格、数量等信息；

（6）确认信息后下单。

2. 服务准备

（1）从酒柜中取出顾客所点的酒；

（2）将酒瓶擦拭干净，检查酒瓶、标签、瓶口是否完整无损；

（3）冰桶内放入冰块和水，至七分满；

（4）将白葡萄酒浸入冰桶中，冰桶上盖上服务餐巾；

（5）将浸有酒的冰桶、酒杯、服务餐巾、小碟子放于服务推车上。

3. 验酒

（1）将酒杯、小碟子在餐桌上布置好；

（2）将酒从冰桶中取出，并用服务餐巾擦干瓶身上的水；

（3）右手握住瓶颈、左手垫服务餐巾托瓶底；

（4）将白葡萄酒的酒标面向顾客展示；

（5）与顾客确认酒名、产地、年份、等级等信息并确保正确无误。

4. 开瓶

（1）用开瓶器将瓶口的锡箔封签割开，去除封签；

（2）用服务餐巾擦拭瓶口木塞顶部；

（3）将开瓶器的钻头对准酒塞中心钻入，轻轻将酒塞拔出，动作要稳，瓶身不可转动或晃动；

（4）将酒塞摆放在小碟子内，供宾客检验；

（5）再次用服务餐巾擦拭瓶口。

5. 试酒

（1）先在杯中倒入10毫升左右的酒；

（2）将杯子递给顾客，请顾客查看酒色、闻香气、尝酒味；

（3）等待宾客确认白葡萄酒的质量。

6. 斟酒

（1）右手持醒瓶、左手拿服务餐巾；

（2）在宾客右侧进行斟酒，通常斟酒至杯肚的最宽处；

（3）以服务餐巾及时擦拭瓶口；

（4）按顺时针方向斟酒服务，女士优先，再服务男宾；

（5）每一杯的斟酒量保持一致；

（6）瓶中若有余酒，将酒瓶放回冰桶，继续保持冰镇。

三、气泡酒服务

气泡酒以及香槟和白葡萄酒相同，在饮用前使用冰桶冰镇，让气泡酒表现出最佳的风味。

1. 酒水点单

（1）检查酒水单是否干净、完整；

（2）在顾客面前将酒水单打开，递给顾客；

（3）回答顾客酒水单中气泡酒的相关问题；

（4）询问顾客的首选气泡酒，需要时给予选择建议；

（5）顾客点单后，与顾客再次核实所点酒的名称、规格、数量等信息；

（6）确认信息后下单。

2. 服务准备

（1）从酒柜中取出宾客所点的酒；

（2）将酒瓶擦拭干净，检查酒瓶、标签、瓶口是否完整无损；

（3）冰桶内放入冰块和水，至七分满；

（4）将气泡酒浸入冰桶中，冰桶上盖上服务餐巾；

（5）将浸有酒的冰桶、酒杯、服务餐巾、小碟子放于服务推车上。

3. 验酒

（1）将酒杯、小碟子在餐桌上布置好；

（2）将酒从冰桶中取出，用服务餐巾擦干瓶身上的水；

（3）右手握住瓶颈、左手垫着服务餐巾托瓶底；

（4）将气泡酒的酒标面向顾客展示；

（5）与顾客确认酒名、产地、年份、等级确保正确无误。

4. 开瓶

（1）将瓶口的锡箔封签去除；

（2）右手拇指按住瓶塞，左手扭开固定瓶塞的铁丝；

（3）左手托起酒瓶，右手捏紧瓶塞，慢慢转动，打开瓶塞；

（4）将酒塞摆放在小碟子内，供顾客检验；

（5）再次用服务餐巾擦拭瓶口。

5. 试酒

（1）先在杯中倒入10～20毫升的酒；

（2）让点酒的顾客观酒色、闻香气、尝酒味；

（3）待顾客确认气泡酒的质量。

6. 斟酒

（1）右手持酒瓶、左手拿服务餐巾；

（2）在宾客右侧进行斟酒，通常酒至酒杯的2/3；

（3）以服务餐巾及时擦拭瓶口；

（4）按顺时针方向斟酒服务，女士优先，再服务男宾；

（5）每一杯的斟酒量保持一致；

（6）瓶中若有余酒，将酒瓶放回冰桶，继续保持冰镇。

知识拓展

酒瓶的学问

葡萄酒的酒瓶中有着诸多的学问，如酒瓶的形状高矮胖瘦各不相同，酒瓶的颜色也有棕色和绿色之分，酒瓶的底部也可以分为平底和凹陷的，这些区别都是在葡萄酒长期发展过程中由各时期演变而成的。起初葡萄酒是用大腹的圆瓶盛装，随着葡萄酒产业的兴起，大腹圆瓶因为不便于运输，从而酒瓶开始演变成今天的模样，不同造型的酒瓶，大部分都是依据各葡萄酒产地的特性发展出来的，因此酒瓶的造型就表明了这瓶酒的产地等信息，如法国波尔多和勃艮第两大葡萄酒产地，各自酒瓶就有很大的不同。

	波尔多瓶	勃艮第瓶	霍克瓶
种类			
形状	柱状瓶身，为了斟酒时去除沉淀，肩部较高，且左右对称，底部的凹陷较深，适合需要长时间窖藏的红葡萄酒，有利于对放和平放	柱状瓶身，但肩部较平，底部的凹陷也较浅，这与勃艮第产红葡萄酒的沉淀较少有关	长颈瓶型，一般德国白葡萄酒较多使用，其特征是瘦而细长，底部凹陷小，甚至为平底
颜色	深绿色或棕红色	深绿色或棕红色	一般多为深绿或浅绿色、琥珀色
产地	法国波尔多、西南区，还有西班牙、意大利大部分地区也有这类瓶形	法国勃艮第、隆河、罗亚而河	德国莱茵河沿河产区、摩泽尔，法国阿尔萨斯

想一想 练一练

一、项目总结

本项目主要介绍了西餐厨房的工作规范与礼仪，具体叙述了西餐厨房的组织结构、类别分工以及西餐厨房员工的职业素养与礼仪规范。

二、项目练习

（一）判断题

（　）1. 更换桌布时必须避免有嘈杂声音。

（　）2. 法式餐点的服务内容通常包括汤、主菜、甜点及饮料等。

（　）3. 西餐的餐桌服务方式种类众多，但西餐服务的基本流程是相同的。

（　）4. 台布尺寸的大小与餐台设计没有关系。

（　）5. 随着人们追求个性的发展，餐厅在台布的颜色选择上也有了很大突破。

（　）6. 台布尺寸过小、过大都会影响到整个台面的铺设质量，甚至会影响到客人就餐的舒适程度。

（　）7. 酸酒杯又称沙瓦杯，是装酸饮之类的鸡尾酒的专用杯，杯口窄而杯身深。

（　）8. 美式餐点的服务内容包括主菜、面包与奶油、沙拉、小菜及咖啡饮料等。

( ) 9. 一般订席的途径有电话、信函与亲自订席等。

( ) 10. 带位入座时，除非顾客另有选择要求，否则坐定后不应任意变换，以避免影响其他顾客的用餐。

( ) 11. 侍者与服务人员可以说是形成客人对酒店第一印象的一线人员。

( ) 12. 更换桌布时的技巧重点在于不露出桌面。

( ) 13. 面包碟置于餐叉的左侧，盘边缘与左侧叉齿上端对齐。

（二）选择题

1. 桌布的铺设对餐桌具有（ ），增进用餐气氛。

   A. 清洁作用　B. 卫生作用　C. 美化作用　D. 保护作用

2. 传统的台布以（ ）为主，因其庄严、稳重，可以在各种场合使用，与各种风格的餐厅相配套。

   A. 红色　B. 白色　C. 黄色　D. 蓝色

3. 在摆设餐具时，西餐都以盘碟作为定位，再以（ ）、由下而上的方向，为摆设顺序。

   A. 由左往右　B. 由内往外　C. 由右往左　D. 由上往下

4. 汤匙匙面朝（ ），摆设的位置通常在餐刀的外侧。

   A. 向下　B. 向右　C. 向上　D. 向左

5. 在西餐厅客人坐定后，服务人员即刻会上前招呼做（ ）服务等。

   A. 冰水　B. 咖啡　C. 茶水　D. 可可

6. 每服务好一位客人后，应以垫壶下的服务巾来擦拭（ ）周围，而后再紧接着为下一位宾客服务。

   A. 壶底　B. 壶嘴　C. 壶身　D. 壶盖

7. 酒杯依使用顺序摆放于水杯的右下方，呈一（ ）线排列。

   A. 直　B. 弧　C. 斜直　D. 水平直

8. 台布铺设后，四角、四边下垂距离相等，四边下垂的台布正好接触（ ）。

   A. 桌腿的四分之一　B. 椅面

   C. 桌腿的三分之一　D. 桌腿的三分之二

9. 当客人饮用完毕，并表示不再追加时，服务员即可将酒杯由客人（ ）撤回。

   A. 右侧　B. 左侧　C. 前侧　D. 后侧

10. 更换桌布（ ），动作敏捷而优雅。

    A. 多次完成　B. 两次完成　C. 一次完成　D. 三次完成

（三）训练活动——西餐服务

1. 桌布铺设训练
2. 餐具摆设训练
3. 点菜服务训练

项目五

西餐用餐礼仪

学习目标

❶ 了解西餐用餐着装礼仪。

❷ 掌握西餐点菜原则。

❸ 掌握西餐用餐时的行为禁忌，能以规范的举止用餐。

❹ 通过对西餐用餐礼仪的学习，能形成良好的个人用餐礼仪。

项目描述

礼仪是百年累积下来的智慧，具有逻辑性，并且具有科学性。分析各种礼仪，发现礼仪包含了人体工程学、生理学、心理学、物理学、化学和美学。餐桌是一个多元的艺术，除了餐桌上的一切知识，对你的同伴来说，优雅地用餐，也是个赏心悦目、和谐的景致，因此用餐礼仪显得非常重要。

项目任务

任务一 用餐服饰与举止的规范

西方对于个人礼仪讲究有自身的特点，包括在餐厅用餐也不例外，大部分高级西餐厅，为了维持餐厅的高级水准，餐厅对于食客有着较为严格的着装要求。根据不同季节及场合，服饰搭配恰当已是一种习惯，穿着得体是尊重他人、为别人着想的表现。服装根据场合需要主要分为三类：正式服装、职业服装和休闲服装。正式服装主要用于出席公共场合的正式活动，如去剧院看戏或参加交响音乐会、节日晚会、联谊活动和正式晚宴等；职业服装主要用于上班的场合；休闲服装则是休息时所穿，较随意。

Q1

作为客人进入西餐厅用餐，在穿着打扮上有什么讲究吗?

一、西餐用餐着装礼仪

（一）女士服装礼仪

女士在出席社交活动时，着装可选择的范围比较大，通常可根据自身的特点、喜好以及社交活动的要求选择合适的服装，一般可以穿西装套裙、连衣裙，或带有民族特色的服装，如旗袍、中式上衣配长裙或长裤等其他民族服饰。在穿着时需要把握以下几个要点。

（1）裙子长度应控制在膝盖以下，普通的长裙适用于一切场合。

（2）正式场合中不能穿着超短裙或背带连衣裙。

（3）上衣的领边、肩头和袖口等处需特别注意，不能使内衣外露。

（4）穿裙子时一定要穿长丝袜，袜口切忌露在裙摆之下，同时须配皮鞋。

（5）可以选择低跟或高跟皮鞋，而选择高跟鞋时其高度应以不影响走路时身体的稳定性为前提。

（6）一些流行的时装凉拖鞋，在有“请正装出席”说明的宴会或高级餐厅是不允许穿着的。

（二）男士服装礼仪

男士的服装较女士的简单，在日常办公或社交的正规场合最为体面的着装就是西装。西装的整体配套主要包括外套、衬衫、领带、皮鞋和袜子等。在穿着时同样需要把握几个要点。

1. 西装的选择

选择西装时应注意西装的长度，包括衣长、袖长及裤长等，还应注意西装的大小（图5-1）。

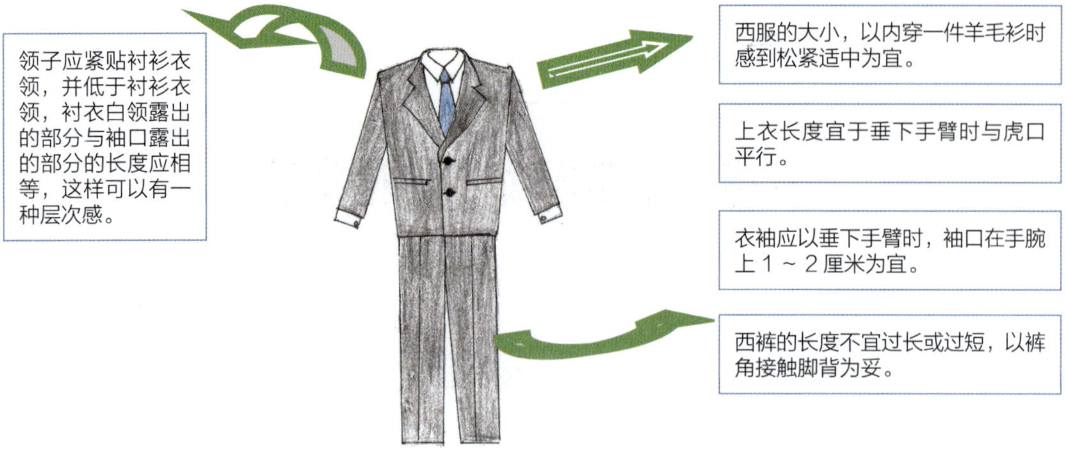

图5-1　西装的选择

2. 西装纽扣

不同西装，扣子的扣法十分讲究（表5-1），无论何种西装，在入座时都应将西装纽扣解开。

表5-1　西装纽扣扣法

单排纽扣西装	一粒纽扣的西装	可扣也可不扣
	两粒纽扣的西装	扣上边的一粒纽扣
	三粒纽扣西装	扣中间的一粒纽扣
双排纽扣西装		纽扣全部扣上

3. 西装口袋

西装口袋内不能随意放置物品（图5-2），否则会使西装整体变形而影响穿着效果。

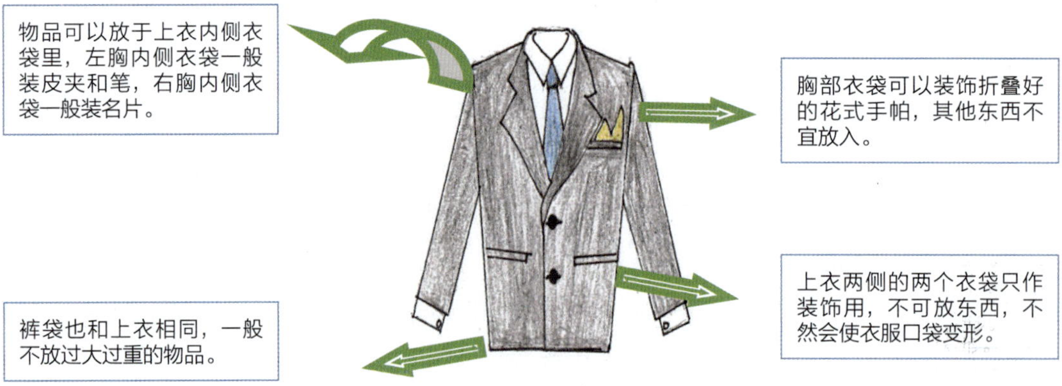

图5-2　西装口袋的使用

4. 衬衣

正式场合穿着西装套装，里面应穿单色衬衣，最好是白色衬衣。衬衫的领子大小要合适，且挺括、洁净，系了领带的领子须将扣子扣好，不系领带时扣子应解开。衬衣的袖扣无论何种情况下都必须扣好，且不可把西装和衬衫的袖子卷起来。衬衫的下摆要塞在裤子里，袖长应稍长于西装袖，衣领应稍高于西装领，以显示出穿着的层次，同时，还可防止西装的磨损和脏污。

5. 领带

领带是西装的重要装饰品，对西装的美观起着至关重要的作用。选择领带首先是长度、宽度要适中。领带的长度以打好领带时，其尖端正好垂到皮带扣处为宜，所以每个人需要的领带长度完全由自己的身高决定。选择时要注意领带的花色需与西装、衬衫搭配得当。领带宽度应该与西装翻领的宽度相协调。穿上一件鸡心领羊毛衫时，领带应放在羊毛衫内。领带夹是用于固定领带的，通常是夹在衬衫从上往下数第四粒纽扣左右的位置，并且当西装上衣扣上纽扣后，领带夹应当是看不见的。

6. 鞋和袜

穿西装要注意鞋袜的搭配，通常也需要掌握以下几个要点。

（1）穿西装一定要穿皮鞋，最好是黑色皮鞋，而不能穿布鞋或旅游鞋。一般浅色皮鞋只适宜配浅色系西装。

（2）注意鞋面干净光亮，不要粘有灰尘。

（3）袜子一般应穿与裤子、鞋类颜色相同或较深颜色的袜子。

（4）在正式场合中，男性宜穿中长筒的袜子，这样可以避免落座时露出皮肤。

（三）饰物礼仪

首饰的种类有很多。人们所熟识的首饰主要有戒指、项链、耳环、手镯、胸针等。随着生活水平的提高，各类饰品越来越受到人们的青睐。优雅得体的穿着，再加上富有个性的饰品，将使你更加光彩照人。但首饰佩戴并不是随心所欲的，也必须遵循几项原则。

（1）应当遵从有关的传统和习惯　在社交场合中最好不要用佩戴的首饰去标新立异。

（2）在正式场合中可以不戴首饰，如要佩戴首饰就不要使用粗制滥造之物。

（3）要注意场合　准确地说，只有在交际应酬时佩戴首饰才最适合，但总数不宜超过三件。

（4）必须考虑性别差异　在一般场合，女士们可以佩戴各类首饰，而男士佩戴最多的饰物有婚戒、手表、领带夹。场合越正规，男士佩戴的首饰就应当越少。

饰品佩戴应考虑个人的年龄、皮肤、身材、身份等特点。身材矮小者，不宜佩戴过多的首饰，可以用一两件点缀一下，胖者不要佩戴小巧的首饰；头大者不要戴过多的头饰；颈长者宜佩戴项链；颈短者，只宜戴单串的金属项链，或不戴项链而在胸前佩戴胸花。总之，佩戴饰品应与穿着、身材等相协调，尽量发挥首饰对服装所起的衬托作用。

Q2
在西餐厅用餐时，有哪些行为不能有？

二、西餐用餐举止规范与禁忌

在人际交往中，餐桌是一个绝佳的沟通平台，因为有餐食作为媒介，还有酒水的助兴，人们借此能够扩大交友圈子，缩短人与人之间的距离，消除彼此的误解和摩擦。不仅如此，餐桌还是展现个人素质、品位与才华的绝佳舞台。一个具有良好餐饮礼仪、懂得应对进退、表现大方得体的人，很容易在餐桌上结交朋友；相反，如果不讲究用餐礼仪，又没有良好的言谈举止，表现出小家子气的行为，在餐桌上可能使聚餐吃饭的好事变为坏事，甚至有可能让别人瞧不起，造成朋友与客户的流失，引起同事与上司的不满。所以在整个用餐过程中应注意以下几个环节。

（一）预约订餐

到高级西餐厅用餐务必要事先预约，并且做到准时出席。预约时应清楚告知用餐日期、时间、人数、是否要订全套套餐、特殊餐点需要、费时菜肴预订等。在订餐前对第一次订餐的餐厅应事先做好了解，假如是一些受欢迎的西餐厅，最好提前一周预约，在欧洲一些著名餐厅必须提前两个月订位才有位子，因此预约用餐越早越好。因故不能在预约时间准时到达，务必通知餐厅会延迟抵达，否则餐厅通常只保留座位10~20分钟，到时会转给其他食客。如用餐预约因故必须取消，务必提前打电话通知餐厅。

（二）到达餐厅

在到达餐厅后不得长驱直入自行就座，首先应到接待区或前台，告知服务人员预约的名字。若没有接待区，则应告知现场服务人员预约名字或客人人数，并请求服务人员带位。也有些餐厅会设有等候室，可以让先到的食客等候未到友人，待人数到齐再一同入座。一些高档餐厅附设酒吧，可以在友人到来前，先饮用餐前酒或饮料等待。

（三）入座

当有接待员带领入座时，女士落座后，男士才可落座。带位时应礼让宾客、年长者、女性，让他们先行起步走在前方。餐厅中背对墙壁且能清楚看到全店或视线最佳的座位，以及较少有人通过且较安静的座位，都是比较好的座位，通常留给最重要的客人、年长者或女性来坐。就座时一般从座位的左侧入座，通常由接待员或在场男士帮女士拉椅子，帮忙女士入座。

（四）点菜

欧洲一些高级餐厅的菜单通常有两种，一种是有价格的；一种是没有价格的。服务人员通常给男士的菜单是有价目标示的，而给女士的菜单则无价目标示，或是给主人的菜单有标价，给客人的菜单则没有，其目的是希望客人或女士点菜不要受价格影响，尽量点自己想吃的菜，而作为请客的主人，尽量建议宾客点大餐，但在别人请客时尽量勿点最贵的菜。在欧洲的西餐厅很少会供应套餐，食客可根据自己喜好依据上菜顺序点菜，但如果食量不大，也可选择省略其中的几项。在食用西餐时都是各点各的，各吃各的，绝对不能在餐桌上把菜叉过来叉过去地进行分食。若确实想与同伴分食，则应该在点菜时就先告知服务人员，由服务人员通知厨房，在厨房内就先把食物分做两盘上菜。

（五）点酒水

在餐厅点餐，一般会从餐前酒点起。西方人习惯一拿到菜单先点一杯香槟或香槟鸡尾酒，不习惯饮酒的可以点果汁或矿泉水，然后再慢慢看菜单点菜。美国的餐厅习惯供应客人免费的冰水，但是欧洲的餐厅一般不供应，当食客有需要时向服务人员要水。在欧洲的餐厅，千万不要为省钱而不点酒水，否则会被视为怪异，但也不能在吃西餐时饮酒过量，发生闹酒、劝酒或是划酒拳等情况。

（六）用餐过程中需要注意的问题

1. 餐巾

在点餐完毕后，第一道菜尚未被端上桌前，即可将餐巾布展开，通常服务人员也会主动帮助食客完成，也可自己完成。使用餐巾时需要注意几点要求。

（1）在正式晚宴中宜等女主人做完此动作后再跟进。

（2）一般大小的餐巾布展开后平铺腿上即可，若餐巾较大可对折成长方形或三角形，开口朝外平放腿上，也可略塞一角在腿下，总之不要使餐巾拖在地上。

（3）展开餐巾布动作要轻柔，绝对不要猛力甩开。

（4）发现餐具不干净时，不要用餐巾布擦拭，只要招呼服务员更换一套新餐具即可。

（5）使用餐巾应以轻按的方式擦拭嘴角，动作要轻柔，不要像洗脸般大动作擦拭。

（6）用餐完毕将餐巾布折叠整齐放在桌上即可，在正式晚宴，只要女主人将餐巾布置于桌上，就表示餐宴结束。

（7）餐巾是专门用来擦嘴的，千万不能用于擦汗、擦皮包、擦皮鞋，更不能用于擤鼻涕，如需擤鼻涕，要用纸巾或自己的手帕轻轻擤一下，勿发出响声。

（8）用餐过程中若要打喷嚏或咳嗽，应将脸转向无人方向或低头，以餐巾布遮口再打。打完喷嚏后须向在座其他人道歉。

（9）如果餐巾在就餐过程中掉在地上，应请服务人员再拿一块新的给你，不可趴到桌下捡拾。

2. 用餐姿势

在吃西餐时椅子应向内拉，挺直而坐，桌与胸之间应有两拳宽的距离，双手活动范围应在60厘米以内，也就是在摆放餐具的宽度内。坐在西餐餐桌前，不能有用手支撑下颌、跷二郎腿、抖脚、双肘撑开、摇头晃脑或坐得离桌太远等行为。

不要用刀刺肉取食，为防止用餐发生危险，不要挥舞或把玩手中的西餐刀叉，更不要以刀叉指人，或以刀叉敲打桌面、杯子。吃东西时应端正挺坐，把食物用餐叉叉上来吃，千万不要弯腰低头将嘴凑到餐盘上，那是非常失礼的。用餐时不可有咬手指头、抓头、搔耳、口、鼻等动作。

西餐斟酒时由服务人员或主人负责，斟酒时客人不必端起酒杯，待服务完毕后，道谢即可。

万一食用到太烫或太辣的食物，应立即喝水或任何饮料来缓和，不能立刻吐在盘上或桌上。

当打嗝、打哈欠有时无法控制时，要尽力压低声音，并向在座者说声对不起。

3. 用餐时的交谈

西餐聚会是一种社交，但大声喧哗或一言不发都是不合礼节的。当嘴里有食物时不能说话。但当嘴里正好有食物而有人问话时，别急着回答，先向发问的人做个稍等的手势，赶紧嚼食，把食物吞下后再张口回应。咀嚼食物时嘴巴闭着，才不会发出难听的声音。

4. 中途离席

用餐中途需暂时离席时，应先向同桌人致歉，如果是女士离席，男士应主动为女士拉椅子。离席时，应将餐巾布脏污面朝内，折叠好放在餐桌上或搭在椅背或把手上。切勿将餐巾布弄得皱巴巴的，使人感到凌乱肮脏不舒服。

5. 随身物品

到高级餐厅用餐，应把手机关掉或将铃声改为振动，以免影响餐厅氛围。在用餐时，若需要接听电话，应持手机到餐厅外说话。如果必须在餐厅内通话，也应尽量把音量降到最低，不要影响别人用餐。

女士的皮包或贵重物品应随身携带，不要寄放在衣帽间。在就座时女士的皮包不能放在桌上，应放在身后椅上或在侧椅脚边。

6. 吸烟

大部分西餐厅都是禁烟的，因此在餐厅内绝对不可以抽烟。在非禁烟餐厅内用餐时，也应在甜点吃完后，在征得同桌人同意后才可抽烟。规范的餐厅会另备一间舒适的雪茄室，让客人饭后在那里享用雪茄。

7. 召唤侍者

对服务人员要有礼貌，需要服务员服务时，态度应随和，不要耍派头指挥人。服务人员在服务后，要记得说谢谢。不要以吹口哨、弹手指、勾手指、用汤匙敲玻璃杯等方式召唤服务人员。召唤服务人员，仅需在他目光注视你时，做一个手势，他就会立即上前服务。

8. 尊重同桌

与有宗教信仰的人同餐，要等他祷告完毕再一起开动，不要先吃。用餐时注意保持自己用餐范围内餐桌清洁，不要弄得脏兮兮的。待同桌人的菜都上桌了一同享用。用餐速度不可太快也不可太慢，要略微配合同桌人。

知识拓展

着装的基本原则

1 色彩协调

服装的色彩协调是指衣服上下的颜色、衣服和配件、衣服和肤色发色等协调，也包括和其他方面如季节的协调。

一般来说色彩搭配可以采用以下几种方法，根据色彩明暗度的不同来搭配，即把同一颜色按深浅不同进行搭配，造成一种和谐的美感。但应注意深浅色的衔接不能太生硬，要尽量过渡得自然。用相近的颜色搭配，如橙与黄、蓝与绿的搭配等。但在搭配时在明暗度或鲜艳程度上加以区别。

用互相排斥的对比色来搭配，但一定要在明暗度、鲜艳度上加以区别，以便对比鲜明而不刺眼。

运用流行色，在特定时期，人们会对某种颜色产生偏爱，使其广泛流行起来。不过，流行色的运用要考虑到场景、年龄等。

色彩搭配大多是就服装自身而言的，此外还要和配件、季节、年龄、场合等协调。比如服装是鲜艳色，装饰品或领带等最好用中间色；在重大、严肃的场合活动时，最好用冷色或文雅色的服饰。

2 体型协调

人的体型差别和缺陷，要求人们在着装时特别注意服装色彩、款式和体型的协调。其基本原理是通过着装掩饰不足。除了色彩以外，最重要的是利用线条。

如果个子过于高大或高且瘦，就要做些修正：选择线条流畅的服装，但不宜用垂直线条；也不宜用高卷的发型或高帽子、紧身的衣服，否则会显得更高瘦；避免使用黑色、暗色等，只有用鲜艳或淡色调做点缀时才考虑使用黑色；要从腰间将颜色组配打破，用明色或对比色的腰带切断。

而个子矮小者，则用垂直线条增加身高，避免使用水平线条，否则将会使你显得更矮；选择合体的服装，避免过大或过粗、肥大宽松的款式；宜用单色组合，最好选择从鞋、袜到裤或裙为同一颜色。避免使用对比色的腰带和衣裤（裙）来分割身体的高度。

3 场合协调

服饰与活动场合是否协调，影响人的内在形象，也直接影响交往的效果。服饰和活动场所协调，要区分个人活动场所和公共活动场所。在个人活动场所，一般可以穿得随便、自在一些，无论怎样都不应妨碍别人。如果是在自己家里请客，同样，作为主人，为了表示对来客的尊重，也应该穿得整齐些。

公共活动有娱乐、休闲、运动、职业、社交等，这些不同的场合，要求有不同的着装，而且对服饰规定性的严格程度也是不一样的，其中社交活动对服装的限制最为严格。西方有礼服与晚礼服之分，都适应社交的需要。而具体到一些特殊的社交活动，着装的某种限制几乎是不容更改的。比如参加婚礼，全套素白的衣服是绝不应该穿出来的；而参加葬礼，你只能在黑、深灰等暗色调的几种颜色中选择。只有注意到了这些方面，才能达到预期的效果。

4 个性原则

服装是外在的，但能体现内在气质等，因而应注意个性原则，即要穿出自己的特色来。要在交往中给人留下深刻、美好印象，取得好的效果，更应该突出服饰的个性。

个性原则和前面讲的三个原则其实不相互矛盾，实际上它是基于前面三个原则的基础上来实施的。不考虑色彩、体型、场合这三者的协调，只是一味追求个性、追求独特，不仅不会张扬个性，反而会适得其反，给人留下不好的印象。如果能在以上三个原则的基础上穿出个性来，虽有个性但不失自然和谐，那样往往能给人以深刻印象，社交中也能取得意想不到的效果。

当然，应该避免过分地求新求异，而选择那些奇装异服或衣冠不整，这与追求时尚不同，也不是服装个性原则真正的宗旨。

摘自《实用礼仪学》

项目任务

任务二

西餐点菜与用餐

很多人一进西餐厅就紧张，首先是源于对西餐点餐的不熟悉，往往一份菜单在面前，就对上面琳琅满目的菜品有些不知所措，因此西餐的点餐，首先要从认识菜单开始。

Q1

第一次走进西餐厅如何点餐?

一、西餐菜肴种类的组合

西餐点餐前首先要对西餐的菜肴、点单形式等有所了解。

（一）西餐菜单结构

西餐菜单无论是哪个菜系，都可将其归类为头盘、汤、副菜、主菜、甜品等几类。

1. 头盘

西餐的第一道菜是头盘，也称开胃品，又称前菜，是为了引起对主菜的食欲而制作的小吃。现代的头盘与传统的头盘有了很大的区别，首先是头盘的装盘量不再像过去那样要求尽可能少，原因是，头盘是整个宴食的一部分，三道菜的量必须满足客人的需要。其次传统用于主菜的原料也运用于现代的头盘中，如鸭肉、鹅肝等原料，通常与沙拉凉拌菜或水果组成了拼盘。所以现代头盘的装盘量越来越多，并有向主菜方向发展的趋势，但头盘和主菜仍有很大差别，其仍然保留促进食欲的功能，往往使用刺激性较强的调味香料。头盘通常有蔬菜、成品原料、沙拉类、烩菜4种。

2. 汤

汤类在西餐中占有重要的地位，西方人的饮食习惯是在上热菜之前先喝汤。西餐汤类大都有丰富的鲜味物质和有机酸等，具有刺激胃液分泌、增加食欲的作用。

西餐中的汤一般可分为清汤、奶油汤和浓汤3种，清汤就是用牛肉或鸡肉或鱼及蔬菜等煮制出来的除去脂肪的汤；浓汤就是加入面粉、黄油、奶油、蛋黄等制作出来的汤。西餐的汤还有冷汤和热汤之分，以热汤为主，还有适合夏季食用的冷汤，如番茄冷汤、冻酸奶汤等。

3. 副菜

副菜是用于衬托主菜的一道菜，具有刺激食欲的功能，分量也不会太多，现今西餐中的副菜常归纳到头盘的概念之中。用于副菜的原料主要有水产类、蛋类、面包类、酥盒类，品种包括各种淡、海水鱼类、贝类及软体动物类。

4. 主菜

肉、禽类菜肴是西餐的主菜。肉类菜肴的原料主要取自牛、羊、猪、小牛仔等各个部位的肉，其中最有代表性的是牛肉或牛排，还有一些自助餐形式的烧烤，也在西餐主菜的范畴。

5. 沙拉

沙拉也称为沙律，类似中餐中的凉拌菜，是用各种凉透了的熟料或是可以直接食用的生料，加工成较小的形状后，再加入调味品或浇上各种冷少司拌制而成的，具有色泽鲜艳、外形美观、鲜嫩爽口、解腻开胃的特点。

6. 甜品

甜品在整个西餐过程中是最后登场的，对菜肴起到画龙点睛的作用。在过去，由于糖的价格不菲，属于奢侈品，只有贵宾才能享用，在文艺复兴之前的意大利，常常用水果来补充糖分，而手工制作的甜点，只有在特别豪华的宴会上才能出现，当时吃甜点、喝红茶，只有上流社会才能享受到。现今甜点成为西餐中漂亮的收场食物，配合着红茶或者咖啡，享受西餐带来的满足感与浪漫情怀。

（二）零点与套餐

西餐的点餐形式可以有零点和套餐的区别，在点餐前必须先清楚该西餐厅是属于哪种点餐形式。

1. 零点

零点是用餐者即到即点，根据自己的口味和喜好点餐，一般不为他人代点。在零点过程中，通常要注意菜品之间的搭配，主要掌握几个原则。

（1）头盘中的开胃菜选择的是蔬菜类，主菜可以根据自己的口味选择肉类或海鲜类。如果在头盘中的开胃菜选择的是肉类，那么后面的主菜与开胃菜的原料尽量不要重复。比如开胃菜中有海鲜，主菜就要避免海鲜类主菜。

（2）点单时遵循适量原则。如果食量不大，可根据自己的喜好略有取舍，如可选用冷头盘、主菜、甜品、酒或饮料或咖啡，也可选择沙拉、主菜、甜品、酒或饮料或咖啡，还可选择餐前汤、副菜、主菜、酒或饮料或咖啡。

（3）意大利面和餐前汤不能一起点，因为两种菜肴属于同类型。

（4）如果要选点两道主菜时，要遵循“先鱼后肉”的原则。

2. 套餐

套餐是由餐厅固定搭配好的，通常由几种菜肴组成，并且用餐的程序比较固定，用餐的步骤比较齐全。用餐者在点套餐时，不需要担心菜肴、口味搭配等问题。

餐厅在套餐的菜单安排中主要是按照开胃酒、头盘、餐前汤、海鲜类、主菜、水果、冰点、肉类副菜、干酪、甜点、咖啡等流程来安排的，每道菜量不会很多，但整体上的量足够一个人的食量。

（三）各国用餐程序

西餐从原料上讲，选料讲究，主料精细；从外观上看，形色并重，摆盘讲究；从口味上来品，鲜美香醇，老嫩讲究。西餐根据地域大致可分为意式、法式、俄式、英式、美式等不同种类，因为不同国家有着不同的饮食习惯，在用餐时菜肴的上桌程序都有着各自的程序。

1. 意大利菜

意大利餐会提供全套菜单，其中包括开胃冷盘、汤、面食、比萨、主菜以及甜品。其上菜顺序依次为头盘、第一道菜、第二道菜、沙拉、甜品或干酪、咖啡或餐后酒（图5-3），每一类型的菜只需挑选一道即可。

头盘

- 一般为开胃菜

第一道菜

- 包括肉和蔬菜的羹汤，鸡汤面条，配以各种菜的清汤

第二道菜

- 包括海鲜和肉盘。意大利餐里，海鲜的烹调方式比肉类多样
- 传统菜单会保留配菜一栏，点菜时再点配菜，受欢迎的配菜有香菜炒保鲜尼菌、番茄芝士沙拉等
- 现代主菜会配以更多的蔬菜和淀粉食物来平衡营养，无须另选配菜

甜品或干酪

- 意大利的甜品是琳琅满目的，包括糕饼、雪糕和酒香水果等
- 在享用甜品之后，侍应生会推上干酪车

咖啡或餐后酒

- 可以喝一杯浓缩咖啡或者泡沫咖啡帮助消化，此时最好伴以杏仁曲奇

图5-3 意大利菜上菜顺序

2. 法国菜

法国菜在上菜之前会先有一道面包上桌，通常面包是不带甜味的，如经典的法棍面包，外壳酥脆，吃口很有咬劲。法国菜的上菜顺序与意大利菜是不同的（图5-4）。

头盘

- 分冷盘和热盘两种
- 冷盘主要是一些开胃菜，如三文鱼、沙拉
- 热盘应在冷盘之后，也多以开胃菜为主

餐前汤

- 喝完汤后可以适当地喝点开胃酒
- 此时会上一道“冰沙”，冰沙主要是用来清洁食客的口腔，让味蕾恢复一下，变得更加敏感，从而更好地品尝主菜

主菜

- 主菜是一道法式大餐里的精华，通常要花上两个多小时的时间去烹饪
- 主菜的火候非常重要，既要入味又要鲜嫩
- 多以牛扒、猪扒、羊扒、鸡肉为主，主菜一般配相应的酒

甜点、餐后酒、咖啡或茶

图5-4 法国菜上菜顺序

3. 俄国菜

俄国菜传承于法国宫廷菜，但又有着自身的特色，其中俄式小吃较为著名，俄式小吃指的是各种冷菜，其特点是生鲜、味酸咸，如鱼子酱、酸黄瓜、冷酸鱼等。其上菜顺序依次为由肉、包菜和其他菜做成的有名的俄罗斯菜汤、炖牛肉及炒牛肉等、甜食和水果。

4. 英国菜

英国菜正餐都是非常普通的，午饭一般为一汤一菜，比较简单。晚餐是英国人的主餐，除一汤一菜外，还要加上沙拉和甜食。但是英国传统早餐是非常丰富的，一般有咸肉、烩水果、麦片粥、煎鸡蛋、果酱、面包、黄油、牛奶、咖啡等。

5. 美国菜

相对于传统西餐的烦琐礼仪，美国人的饮食文化简单了很多。餐台上并没有多少刀叉盘碟，仅放着最基本的刀、叉、勺子各一把。只有在非常正式的宴会时，才会有较多的规矩和程序。

美国人的正餐比较讲究，常常包括3～4道菜肴，有冷开胃菜或沙拉、汤、主菜和甜点，面包和黄油、咖啡等。

Q2
西餐的刀叉究竟怎么用?

二、西餐各类菜肴的食用方法

（一）各种餐具的正确用法

西餐餐具是按照上菜的顺序排列，左右刀叉各一对，取用时每一道菜从最外侧拿左、右一副刀叉。用完一道菜后将刀叉放在盘子上，侍者会连盘子一起收走。

刀叉的摆法

现在欧洲的餐桌礼仪主要分法式和英式两大派，用餐中休息时及用餐完毕时刀叉的摆法都是有区别的（表5-2）

表5-2 英式用餐与法式用餐的区别

	英式	法式
用餐休息时	 餐叉叉头齿尖朝下，餐刀刀刃朝内 餐叉与餐刀两者前端相叠在餐盘中央，刀与叉夹角大致成90° 餐刀、餐叉柄分别架于餐盘外缘	 餐叉叉头齿尖朝下，餐刀刀刃朝内 餐叉与餐刀成八字形，左叉右刀放于餐盘的两侧 餐刀柄与餐叉柄分别架于餐盘外缘

续表

	英式	法式
用餐结束时	 餐叉叉头齿尖朝上，餐刀刀刃朝左 餐叉与餐刀相互靠拢，刀叉的头朝外，柄朝自己垂直放于餐盘中央 餐刀柄与餐叉柄一同架于餐盘外缘	 餐叉叉头齿尖朝上，餐刀刀刃朝下 餐叉与餐刀相互靠拢，刀叉的头朝左，柄朝右横放于餐盘中央 餐刀柄与餐叉柄一同架于餐盘外缘
刀叉的拿法	 不论食物是圆形、是湿、还是散，永远都把食物放在叉背弓部的凸面上，而且食物绝对不能撒落	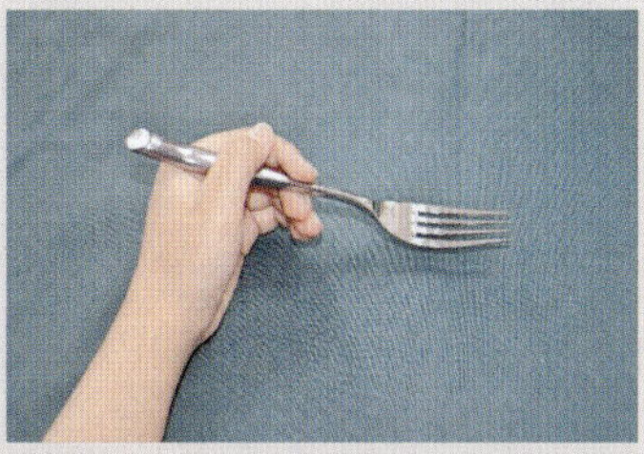 可依照食物的各种性质，有时用叉尖叉住食物，有时用叉腹凹处盛装食物。用手指自由翻转叉子，自由灵巧地使用叉腹与叉背

（二）各种菜肴的食用方法

在西餐中的用餐规矩是一种人体工学，其依据人的肢体构造，并配合食物的性质和形状，所以是最有效率的用餐方法。掌握正确的用餐方法，就可在餐桌之上轻松自如。

图5-5　舀汤

1. 汤

在西餐中食用汤类菜肴时是一口一口慢慢地品味。首先，坐姿端正，左手腕一定要靠放在桌边，右手拿汤匙，只要舀三分之二匙，不舀满（图5-5），这样汤汁就不会滴出来。舀汤时，汤匙要避免与汤盘发生碰撞、刮划而发出让人毛骨悚然的声音。同时还要注意喝汤的样子，请保持优雅。

在舀起汤汁后，不要用嘴吹汤使其冷却，只需将汤在汤匙内稍待一下即可。喝汤时应将汤匙里的汤一口喝下，不要分几口喝，更不要用面包去蘸汤食用。汤喝到一半时如需要休息时，可将汤匙放在汤盘内。

图5-6　汤喝完

在正式场合，汤不必喝到一点不剩，只要喝到不好舀就可以停止（图5-6），不要倾斜盘子把盘中的汤全部喝完。

汤喝完后，或不再喝了，汤匙应放在汤盘的底盘外边缘就可以了。

如果是酥皮汤，需要先用刀子或汤匙将覆盖在汤碗上的酥皮横切成两半，将靠近自己的一半放进汤里一起食用完，再放进另一半酥皮食用。

2. 沙拉

沙拉用得较多的是各类蔬菜，配制的蔬菜随着季节而异，由于蔬菜的多样性，所以其大小、形状、软硬都会有不同。食用时主要的原则是把各种蔬菜切成或折叠成比自己的嘴巴小的状态，就可优雅地食用。

通常可以用刀将大片叶子用刀切成小块。薄薄的菜叶切成小块后，几小片叠起来叉着吃（图5-7）。

也可利用蔬菜叶子较柔软的特性，将菜叶用刀叉折叠起来，包成一口大小，一次吃进嘴里（图5-8）。

图5-7　蔬菜切片

图5-8　蔬菜折叠

3. 牛排

牛排是西餐中最有分量、最受欢迎的菜肴，牛排由于具有一定的韧性，所以在食用时需要更多地使用指尖上的力量。切割牛排时，要用指尖力量按定左手叉子，右手的刀使力在刀尖上。叉子的定点和刀越靠近，切起肉来就越稳（图5-9）。

切割时应从左边开始向右切，不可以把肉一次性全部切成一块块再食用，这样会使肉汁全部流失，而且容易冷掉，使肉质丧失自然的美味。每次切割牛肉的大小应掌握在正好一口大小，不可切一块叉在叉子上再分几口咬食（图5-10）。

图5-9　切割方法

图5-10　牛排食用大小

4. 羊排

在欧洲食用羊排很普遍，每一个国家都有自己的羊排做法，每个国家羊排的风味也不同。羊排在西餐厅中的上菜方法主要有两种，一种是带骨，一种是不带骨，两者在食用时，带骨的比不带骨多一个去骨的步骤（图5-11）。

在一些西餐厅会附上洗指水，在客人使用刀叉不方便时，可以用手直接帮忙后，用洗指水清洁，这样可以避免用口布擦拭手指上油腻的不雅动作。

5. 鱼

鱼在西餐中经常食用，鱼的供应有两种方式，一种是直接上鱼肉，即在厨房就将整鱼去头去尾、挑净大骨小刺后烹制，其食用时非常方便，因为鱼肉熟后，肉质

（1）用餐刀在肋骨与肋骨之间切开。用叉子叉定肉后，再用刀子顺着骨头将肉与骨头分开。

（2）用餐刀将羊肉一次切一口大小食用。

（3）食用时不要将骨头散得满盘都是，而是将骨头聚集在盘内某一角。

图5-11　带骨羊排的食用

相当松软，因此不必像切肉般地用力锯，只需用鱼刀轻轻地划一下就行了。

另一种鱼的上菜方式是上整条鱼，这在现代的西餐厅已不多见，但在西方国家，能将一条带骨的鱼非常高明地用刀叉把细缝里的肉挑得干干净净（图5-12），说明此人的家教非常好，通常会认为是来自上流社会的。

（1）将鱼身各处的鱼鳍切离鱼身（尾鳍除外），鱼鳍放在盘子的一边。之后顺着鱼的背脊，将上面的鱼肉纵切成两半。

（2）将外侧鱼肉拿到靠近自己这一边的盘子上，切成一口大小食用，吃完再把另一半取到面前的盘子上。要领同小羊排，先将鱼肉与骨分开，再将肉切成一口大小食用。

（3）将餐刀放在鱼骨下，顺着骨头将其挑起，头尾会一起跟着和肉分开。如果鱼骨较长，可将鱼骨折成两半。下面的鱼身，同样切一口大小食用。

图5-12　带骨整鱼的食用

无论是整鱼还是鱼肉，在食用时由于鱼肉松软易碎，所以不能像食用肉类时可以叉起来，只能用叉凹处舀盛肉。如果不小心吃到了鱼刺，不能低头将鱼刺吐在桌上，必须吐在叉子上，再放到盘子里，或是用餐巾遮一下嘴，用手拿出来。

6. 串烤

串烤菜起源于中东国家，如今串烤已成为较为普遍的西餐。串烤最早使用的原料有野生禽类或兽类等，现在主要使用禽、畜肉类或者海鲜类。无论使用何种原料，食用时一律将食物从肉串上取下放到盘里，切割成一口大小才食用。在食用还需注意以下几点事项。

（1）如果使用串烤的是铁扦子，会很烫，不要直接用手拿，可能会把自己的手烫伤。需用餐巾按着肉串，右手用叉子将肉一块一块整串取下来（图5-13）。

（2）取下来的食物，要切成一口大小再食用。每吃完一串，才取下另一串的肉（图5-14）。

图5-13　取下肉

图5-14　切成一口大小

（3）取下的食物应聚拢在盘子的一角。要让扦子和自己平行，别把扦子的尖对着同伴（图5-15）。

图5-15　扦子的放法

7. 蛋糕

品尝蛋糕时，用右手单手拿叉子吃，不用刀，从三角的尖端一口一口用叉子切着吃（图5-16）。

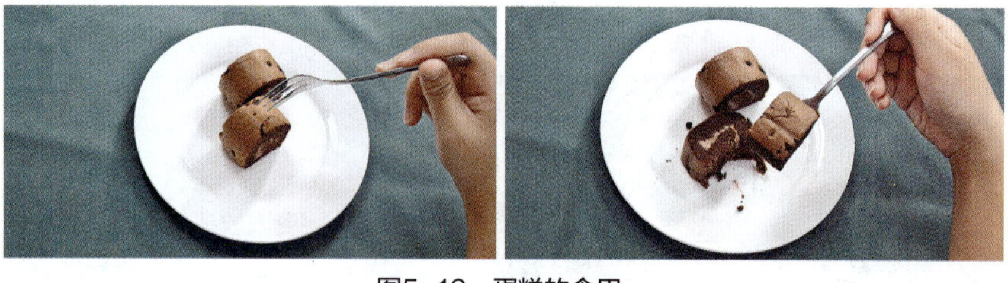

图5-16　蛋糕的食用

8. 冰淇淋

冰淇淋通常是用高脚杯盛装，此时要用左手扶着杯脚，右手持冰淇淋匙一匙一匙地食用（图5-17）。冰淇淋一般在边上会配有一块小薄脆，是用于缓和被低温麻痹的舌头的，起到“暖舌”的作用，不要用薄脆去舀食冰淇淋。用完冰淇淋后，将冰淇淋匙放于底盘的一侧。

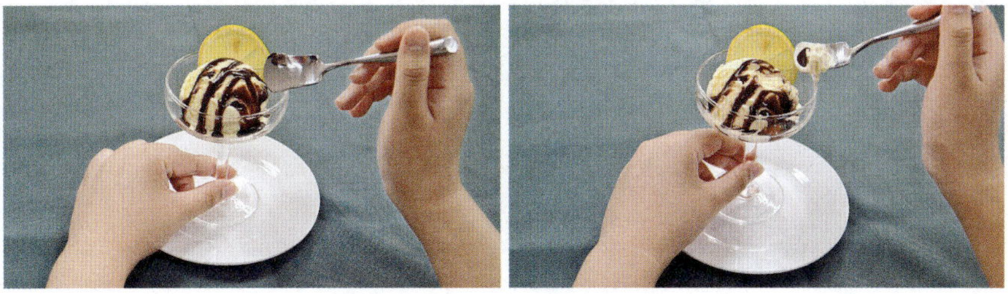

图5-17 冰淇淋的食用

知识拓展

葡萄酒饮用礼仪

葡萄酒不同于水，其诞生的过程便有种神乎其技的感受，所以我们将之比喻为“神赐予人间的饮品”，故连饮用过程都变得讲究起来了。品酒步骤如下。

1 持杯

专业的葡萄酒杯均是高脚的设计，除了美观和衬托葡萄酒的高雅气质外，也是为符合专业的葡萄酒品评步骤而设的。

不同种类的葡萄酒适饮温度为4～20℃，如用手掌抓住杯肚的方式持杯，掌心的温度会使酒液升温，影响葡萄酒香气的展现；而且手掌会遮挡酒体，不便于饮用者观察酒色；再者会妨碍碰杯。

正确的持杯方式是手握酒杯杯脚，也可以尝试像行家一样，用大拇指和食指捏住杯座，这是专业的持杯方式。若在电视上看到明星们饮酒时握着杯肚，大可不必怀疑自己的专业性，因为他们也未必懂葡萄酒。

2 观色

色、香、味是葡萄酒的三大要素，一杯酒，首先从观色开始。

要让酒色清楚地呈现，品酒时应选用杯身无色、透明的专业品酒杯。杯身有雕花、磨砂图案的杯子无论多名贵，都有碍观察酒色。

举起酒杯并将之倾斜45度，在自然光的环境下以白色背景作映衬观察酒的颜色。一般可在酒杯后放一张白纸，为了方便观色，专业的品酒桌会使用白色大理石作为桌面。

值得注意的是，一般的白葡萄酒适合在酒龄较小时饮用，所以当它们酒色呈现金黄色时往往表示该酒开始衰败了；而适合久存的白葡萄酒此时则可能正值最佳饮用期。若再经数十年的储存，酒色将变为琥珀色或者金色，有时略带橙黄色反光，但几乎所有干白酒都无法储存到这种颜色，只有少数贵腐甜白酒在呈现琥珀色的时候才表示正值其饮用巅峰期。

3 摇杯

为了让酒液在杯中加速氧化以散发更多的香气，我们需要摇晃酒杯以增加酒液与空气的接触面积。顺时针或逆时针晃动酒杯，使酒在杯中打旋。初学者通常总是转动手腕令酒液只能在杯中左右摆动而不是打旋，此时可以将酒杯放在桌子上，以食指和中指夹住杯子并压着杯座，在桌子上转动，这种摇法可以很简易地稳住酒的重心，不易把酒摇出杯子。

值得注意的是白葡萄酒无须摇得如此剧烈，以避免酒的香气过分散失；起泡酒或香槟则更不需要摇杯。

4 挂杯

摇杯后可以观察“挂杯”的情况。所谓挂杯，就是摇杯停止后葡萄酒从杯壁流下来的酒柱，德国人又把挂杯称为“教堂的窗口”。通过挂杯的持久度，我们可以大概判断该酒的酒精度和含糖量高低。酒精度越高的酒，挂杯越粗、流下来的时间越慢，同时也说明此酒的酒体比较丰厚；反之则是酒精度较低、轻度酒体。

5 闻香

酒香是葡萄酒的另一重要元素。摇杯后，鼻子深入酒杯闻一闻香气。饮用者可以尝试分辨一下葡萄酒散发的馥郁果香和其他香气，并且将自己熟知的味道表达出来，比如草莓、苹果、奶油、蜂蜜等。不要担心您闻错了，香味辨识是一个主观的过程，没人会笑话您的。如果一次不能确定，就重复摇杯和闻香的步骤。如果您不喜欢这么费神，直接喝也可以，毕竟品尝葡萄酒是一个享受过程，随您的喜好，不过很多品酒者都对闻香的过程乐此不疲。

6 入口

以上的准备工作做完了，葡萄酒最终是要喝到嘴里的。喝上一口，大概是能漱口的分量，让酒能够接触口腔和舌头上不同味觉感应区域，感受酒的酸、甜、苦、辣、咸、涩味，以及整体平衡、厚薄等感觉。别因您的不胜酒力而只是浅浅抿一口——甜味味蕾在舌尖，咸味味蕾在舌缘，酸味味蕾在舌头后缘两侧，苦味味蕾则在舌根。酒的分量不够浸润整个舌头时就不能充分感受酒的口感了。也不要急于咽下，酒的香味会进入您的鼻腔，味觉和嗅觉整体的感觉才是判断酒的依据。

7 回味

葡萄酒残留在口腔中的味道，我们称之为余味。细细品味葡萄酒在口腔和喉咙间停留时间的长短，这是评判一款葡萄酒好坏的其中一个因素——看其余味是否平衡、和谐、持久。

摘自《葡萄酒鉴赏手册》

想一想
练一练

一、项目总结

本项目主要介绍了西餐的用餐礼仪、西餐的点菜原则，在西餐就餐时需注意服饰的搭配、举止的规范、点餐的顺序以及用餐的礼仪与规范。

二、项目练习

（一）判断题

（　）1. 西方对于个人礼仪是十分讲究的，但不包括在餐厅用餐。

（　）2. 在正式场合女士穿着的裙子至少应长及膝。

（　）3. 有接待员带领入座，女士坐好后，男士才落座。

（　）4. 在欧洲一些高级餐厅经常给男士的菜单无价目标示，而给女士的菜单则有价目标示。

（　）5. 餐巾是专门用来擦嘴的，千万不要用来擦汗、擦皮包、擦皮鞋，更不能用来擤鼻涕。

（　）6. 到高级餐厅用餐，请把手机关掉或将铃声改为震动，以免影响餐厅安静的气氛。

（　）7. 意大利餐会提供全套菜牌，包括开胃冷盘、汤、面食、比萨、主菜以及甜品。

（　）8. 西餐聚会是一种社交，大声喧哗或一言不发都不合礼节。

（　）9. 俄式小吃是指各种冷菜，其特点是生鲜、味酸咸。

（　）10. 法国餐厅拿来做冷头盘的面包一般都是不带甜味的。

（　）11. 冰沙主要用来清洁食客的口腔，让味蕾恢复一下。

（　）12. 汤类在西餐中占有重要的地位，西方人的饮食习惯是在上热菜之前先喝汤。

（　）13. 西餐餐具是按照上菜的顺序排列，左右刀叉各一对。

（　）14. 舀汤时，汤匙要避免与汤盘发生碰撞、刮划而发出让人毛骨悚然的声音。

（　）15. 不可以把肉一次全部切成一块块，因为肉汁会全部流失，而且容易冷掉，自然丧失美味了。

（　）16. 套餐一般是由餐厅固定搭配好的，通常由几种菜肴组成，并且用餐的程序比较固定。

（　）17. 切割牛排时从左边开始切，逐渐往右移。

（　）18. 相对于传统西餐的烦琐礼仪，美国人的饮食文化简单多了。

（　）19. 美国人的正餐比较讲究，正餐常常包括 3 ~ 4 道菜肴。

（　）20. 现在欧洲的餐桌礼仪主要分两派——主流是法式和英式。

（　）21. 在舀起汤汁后，不要用嘴吹汤使其冷却，只需将汤在汤匙内稍待一下即可。

（　）22. 西餐中的汤一般可分为清汤、奶油汤和浓汤。

（　）23. 甜点作为整个西餐过程中最后登场的角色，起到画龙点睛的作用。

（　）24. 在正式场合，汤不必喝到一点不剩，只要喝到不好舀就可以停止。

（　）25. 用餐结束，餐叉与餐刀相互靠拢放于餐盘中央。

（　）26. 男士在日常办公或是现代社交的正规场合最为体面的着装就是西装。

（二）选择题

1. 穿着得体对西方人来说是尊重他人、（　）的表现。

A. 自我展示　　B. 为别人着想

C. 关注他人　　D. 关心他人

2. 女士穿着普通的（　）适用于一切场合。

A. 超短裙　　B. 长裙　　C. 运动服　　D. 休闲服

3. 正式场合穿西装套装，内应穿单色衬衣，最好是（　）衬衣。

A. 黑色　　B. 花色　　C. 粉色　　D. 白色

4. 在餐厅点餐，从（　）开始点起。

A. 餐前酒　　B. 头盘　　C. 主菜　　D. 甜点

5. 法国菜在上菜之前会有一道（　）上桌。

A. 小吃　　B. 冷菜　　C. 面包　　D. 开胃碟

6. 英国人的午饭比较简单，一般（　）。

A. 一汤一菜　　B. 四菜一汤　　C. 三菜一汤　　D. 两菜一汤

7. 肉、禽类菜肴是西餐的第四道菜，也称为（　）。

A. 副菜　　B. 热头盘　　C. 主菜　　D. 开胃菜

8. 在零点过程中，通常要注意（　）之间的搭配。

A. 口味　　B. 原料　　C. 菜品　　D. 色彩

（三）思考题

我们日常用餐时，都是十分自然放松的，为什么在西餐用餐时需要那么多烦琐的讲究与规定？

参 考 文 献

[1] 赵红群，世界饮食文化[M]．北京：时事出版社，2006.

[2] 邹金宏，邓伟洲．优秀厨房主管技能培训手册[M]．北京：中国劳动社会保障出版社，2007.

[3] 吕留伟，实用礼仪大全[M]． 北京：中国纺织出版社，2010.

[4] 沈宇辉，葡萄酒鉴赏手册[M]．沈阳：辽宁科学技术出版社，2008.

[5] 匡家庆，酒水知识与酒吧管理[M]． 北京：中国旅游出版社，2021.